◎田 乐 著

无线传感器网络的体系结构

拓扑、路由、数据与时钟管理

中国农业出版社

北 京

目　　录

1 │ 无线传感器网络概述

1.1　无线传感器网络的发展历程

近年，随着人们在无线通信技术、微机电技术（Micro‐electro Mechanism System，MEMS）、微传感器技术方面取得的巨大进步，一种集成了感知、计算、通信能力，具有低成本、低功耗、多功能、体积小和短距离无线通信等特点的传感器节点，以及由该种节点构建网络的技术得到了越来越多的关注。这种传感器节点集成了传感器技术、嵌入式计算技术、分布式信息处理技术和无线通信技术等功能，由这种节点组成的网络可以协同工作，实时或长期监测被监测区域内的各种对象数据，并对这些数据进行分布式预处理后传递给最终用户，从而为用户提供直观的观察效果。由于节点间通信一般采取低功耗、低速率的无线通信手段，因此这种网络可以称为无线传感器网络（Wireless Sensor Networks，WSN）（I. F. Akyildiz et al.，2002）。

传感器节点的系统结构主要包括四个模块：能量单元、通信单元、处理器单元和传感单元（图 1‐1）。能量单元包括一个电池和一个直流‐直流转换器（DC‐DC），为节点的其他单元提供能量供应。通信单元包括一个无线通信信道，现阶段大多数的平台使用短距离通信信道，也包括一些使用激光或红外的通信手段。处理器单元包括存贮数据和软件系统的内存、一个微处理器（Microcontroller Unit，MCU）和一个模拟/数据转换器（Analog/Digital Converter，ADC），模拟/数据转换器负责把从传感器单元得到的数据转换成数据信号。传感器单元负责感知周围环境的变化，是连接传感器节点和物理世界的桥梁，包括一系列的传感器（温度、压强、磁场、加速度等）或执行器等，传感器单元的配备主要由具体的应用来确定。

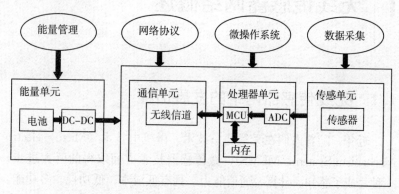

图 1-1　传感器节点的系统结构

　　无线传感器网络一般采取随机部署、自组织工作的方式，随机分布的网络节点根据一定的算法自动建立连接，把感知节点得到的数据传递回用户。无线传感器网络的功能结构一般由传感器节点、Sink、Internet 网关或通信卫星、用户任务管理节点组成（图 1-2）。其中，传感器节点分布在被监测区域，感知环境的变化并产生感知数据，将所产生的数据以多跳的方式传递到 Sink，Sink 通过 Internet 网关或卫星通信和用户连接，最终把数据传递到用户任务管理节点。用户可以通过任务管理节点规划网络行为，下达数据采集指令，指令通过 Internet 网关到达 Sink 后，通过必要的通信手段（洪泛或基于地理位置的查询）将指令发送给网络内的传感器节点。

　　无线传感器网络是 21 世纪最重要的技术之一，被美国 Technology Review 认为是未来将要改变世界面貌的十大新兴技术中的第一位，而在《商业周刊》预测的未来四大高新技术中，无线传感器网络也得以和效用计算、塑料电子学、仿生人体器官并列。科学家预言无线传感器网络将引发新的信息革命，因此，无线传感器网络的广泛应用是一种必然趋势，它的出现将会给人类社会带来极大的变革。

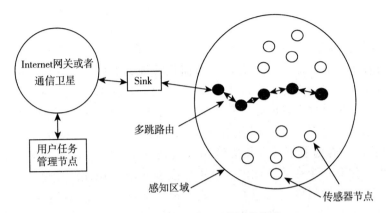

图1-2 无线传感器网络功能结构

无线传感器网络起步于 1973 年美国国防部国防高级研究计划局（DARPA）开展的关于无线网络的研究 PRNet 项目，PRNet 奠定了利用无线共享信道构建分布式通信网络的雏形。1978 年，DARPA 资助的一个关于分布式传感器网络的研究小组正式发起了无线传感器网络的研究。20 世纪 90 年代在 DARPA 的资助下，美国多家研究机构开展了无线传感器网络的研究计划，比较著名的有加州大学洛杉矶分校的 WINS 项目（S. Vardhan et al.，2000），加州大学伯克利分校的 PicoRadio 项目（J. Rabaey et al.，2000），麻省理工学院的 uAMPS 项目（E. Shih et al.，2001）等。进入 21 世纪后，随着反恐战争和非对称战争的需要，美国军方为了加强情报侦察和信息收集的能力，对无线传感器网络异常重视，在 C4ISR 的基础上提出了 C4KISR 计划，强调战场情报的感知能力、信息的综合能力和信息的利用能力，并开展了一系列具有军方背景的研究计划，如美国陆军的"灵巧传感器网络通信"项目、"无人值守地面传感器群"项目、"战场环境侦察与监视系统"项目以及美国海军的"传感器组网系统"项目、"网状传感器系统"项目等。随着研究的深入，无线传感器网络也逐渐拓展到民用领域。2003 年，美国国家自然基金会投资 3 400 多万美元资助 CENS 计划，该计划由美国加州大学洛杉矶分校牵头，美国南加州大学、加州理工学院、加州大学河滨分校等多所大学合作，计算机、电子工程、生物工程、环境工程等多领域专家共同参与，研究无线传感器网络在环境保护、灾害监测与预警、城市监控等领域的应用。美国 Sandia 国家实验室与美国能源部于 2002 年 5 月合作研究反恐系统，该系统能够尽早发现以地铁、车站等场所为目标的生化武器袭击，并及时采取防范对策。美国交通部提出"国家智能交通系统项目规划"，该规划项目旨在将无线传感器技术运用于整个地面交通管理，建立一个在大范围内、全方位发挥作用的实时、准确、高效的综合交通运输管理系统。与此同时，无线传感器网络也引起了跨国企业巨头的关注，如 2002 年 10 月，英特尔公司发布了"基于微型传感器网络的新型计算发展规划"，此规划致力开发集成度很高的超微型传感器，也称智能灰尘（smart dust），并将超微型传感器应用到预防医学、环境监测、森林灭火乃至海底板块调查、行星探查等领域。除美国，欧盟 2002 年开始实施为期 3 年的 EYES（自组织和协作有效能量的传感器网络）计划。2004 年 3 月，日本总务省成立"泛在传感器网络（Ubiquitous Sensor Network）"调查研究会。

我国也非常重视无线传感器网络的发展，国家自然科学基金委员会已经审批了无线传感器网络相关的重点课题和面上课题，在国家发展改革委员会的下一代互联网示范工程中，也部署了无线传感器网络相关的课题。在国家大力扶持下，哈尔滨工业大学、北京交通大学、中国科学院、北京邮电大学等高校和研究机构对无线传感器网络展开了研究，国内在这一领域会产生一个质的飞跃，这对于我国真正在这一新技术领域迎头赶上，把握这一技术潮流进而提高科研及实际竞争力都具有重要的意义。

1.2　无线传感器网络的特点

无线传感器网络由低成本、低功耗、多功能传感器节点组成，这些节点的体积小、通信距离短。与传统网络相比，无线传感器网络具有如下特性：

- 传感器网络中传感器节点的数量可以比自组织网络中的节点高几个数量级。在一个传感器网络应用区域内，节点数量可能达到成千上万个，因此如何高效组织这些节点协同工作是一个难题。
- 节点密集部署。因为节点微小且易出故障，为了保障可靠的服务质量，追求网络的鲁棒性，或者追求网络的覆盖率，节点通常采用密集部署的方式，所以相对于传统网络，传感器网络中的节点数量众多。
- 传感器节点容易出现故障。由于节点本身成本低廉，一般由不可再生的能源供电，部署后的传感器节点可能因天气、地形、能源、部署方式等各种原因损毁或无法正常工作，因此相比传统网络节点，传感器网络节点更加不可靠，更容易出现故障。
- 传感器网络的拓扑结构变化非常频繁。因为节点工作不可靠，易损毁，因此会造成网络的拓扑结构发生变化。
- 传感器节点主要使用广播通信模式，而大多数传感器网络以自组织方式工作，节点间基于点对点通信。
- 传感器节点在功率、计算能力和内存方面受到限制。
- 由于大量部署，节点数量多且避免传输开销，传感器节点可能没有全局标识（ID）。

由于大量传感器节点密集部署，相邻节点之间可能非常接近。因此，传感器网络中的多跳通信比传统的单跳通信消耗更少的能量。在这种情况下，传输功率可以保持在较低的水平，这在秘密行动中是非常需要的。多跳通信还可以有效地克服长距离无线通信中遇到的一些信号传播效应。

由微小的传感器节点组成的无线传感器网络实现了基于大量节点协同工作的网络思想，与传统传感器部署和应用方式相比，传感器网络在使用灵活性、使用成本和工作寿命上具有显著的改进，传统传感器的部署方式有以下两种：一是传感器放置在远离被监测区域的位置，通过特定传感器感知发生的现象。在这种方法中，需要使用一些复杂的技术来区分目标和环境噪声的大型传感器。二是部署几个只执行感知的传感器，传感器的位置和通信拓扑都是经过精心设计的，它们将感知到的现象的时间序列传输到中心节点，在那里进行计算和数据融合。而无线传感器网络则由大量的传感器节点组成，这些节点要么密集地分布在被监测区域内部，要么非常靠近被监测区域，同时传感器节点的位置不需要设计或预先确定。这就使传感器网络节点可以在无法进入的地形或救灾行动中随机部署，同时，这也意味着传感器网络协议和算法必须具有自组织能力。传感器网络的另一个独特特征是传感器节点之间的协作。传感器节点配有一个信息处理器，节点不需要将原始数据发送给负责融合的节点，而是利用自处理能力在本地执行简单的计算，只传输所需和部分处理的数据。上述特性保证了传感器网络的广泛应用，其中尤其是健康、军事和安全等领域。例如，医生可以远程监控病人的生理数据，这样方便病人的同时也能让医生更好地了解病人目前的情况；传感器网络还可以用来检测空气和水中的外来化学物质，可以帮助识别污染物的类型、浓度和位置。

1.3 影响无线传感器网络设计的因素

无线传感器网络设计受许多因素的影响，包括容错性、可扩展性、生产成本、硬件限制、传感器网络拓扑、操作环境、传输介质和功率消耗。

1.3.1 容错性

一些传感器节点可能会因断电、物理损坏或环境干扰而出现故障或阻塞。传感器节点的故障不应影响传感器网络的整体任务，这是设计无线传感器网络时需要考虑的可靠性或容错问题。容错是指在出现部分传感器节点故障的情况下维持传感器网络功能的能力。无线传感器网络中节点的可靠性或容错模型如式 1-1 所示，该公式使用泊松分布描述在时间间隔（0，t）内节点不发生故障的概率：

$$R_k(t) = e^{-\lambda_k t} \qquad (1-1)$$

式中，$R_k(t)$ 和 t 分别代表传感器节点 k 的故障率和时间段。注意，可以设计协议和算法，选择合适的部署策略来解决传感器网络所需的容错级别，尽量选择在干扰较少的环境中部署网络。如果将传感器节点部署在房屋中以跟踪湿度和温度水平，则容错要求可能较低，因为这种传感器网络不易受到环境噪声的损坏或干扰；如果将传感器节点部署在战场上进行监视和检测，那么容错性必须很高，因为感测到的数据至关重要，传感器节点可能会被敌对行动摧毁。在这种情况下，必须根据传感器的应用水平制定相应的容错方案。

1.3.2 可扩展性

为了研究一个特定现象时部署的传感器节点数量可能在数百至数千个不等，甚至可能会达到数百万的极值。设计网络协议或工作模式时必须考虑能够适应这个规模的节点数量，同时还必须考虑利用传感器网络的高密度特性。在一个直径小于 10m 的区域内，密度可以从几个传感器节点到几百个传感器节点。密度计算公式如下：

$$\mu(R) = \frac{N\pi R^2}{A} \qquad (1-2)$$

式中，N 是区域 A 中散布的传感器节点数量；R 是传感器节点通信半径。基本上，$\mu(R)$ 描述了区域 A 中节点传输半径为 R 的节点数量。

此外，区域中的节点数可以用来表示节点密度。节点密度取决于部署传感器节点的应用程序。对于机器诊断应用，5m×5m 区域内的节点密度约为 300 个传感器节点，车辆跟踪应用的密度约为每个区域 10 个传感器节点。一般来说，传感器节点密度可以高达 20 个/m³。一个家庭可能存在大约 20 个包含传感器节点的家用电器，但如果将传感器节点嵌入家具和其他杂项物品中，这个数字还会增加。对于栖息地监测应用，每个区域的传感器节点数量从 25 到 100 个不等。当一个人坐在体育场内观看篮球、足球或棒球比赛时，通常包含数百个传感器节点（这些传感器节点嵌入眼镜、衣服、鞋子、手表、珠宝和人体）时，密度将非常高。

1.3.3 生产成本

由于传感器网络是由大量传感器节点组成的，单个节点的成本是衡量网络整体成本的重要因素。如果网络传感器的成本比部署传统传感器更高，那么无线传感器的成本就不合理。因此，每个传感器节点的成本必须保持在较低水平，比最先进的蓝牙技术还要便宜。如为了使传感器网络可行，传感器节点的成本应远低于 1 美元。众所周知，蓝牙无线电是一种低成本设备，其成本甚至比传感器节点的目标价格贵 10 倍。值得注意的是，传感器节点还有一些附加单元，如传感器数量、信息或数据处理单元。此外，根据传感器网络的应用，它还可以配备定位系统、移动器或发电机。因此，传感器节点的成本是一个非常具有挑战性的问题。

1.3.4 硬件限制

传感器节点由四个基本组件组成，分别为：传感单元、处理单元、收发器单元和电源单元（图 1-1）。它们还可能具有依赖于应用程序的附加组件，如定位系统、能源产生系统和移动单元。传感单元通常由传感器和模数转换器（ADC）两个子单元组成。传感器根据观测到的现象产生的模拟信号经 ADC 转换为数字信号，然后送入处理单元。处理单元通常与一个小型存储单元相关联，它管理使传感器节点与其他节点协作以执行分配的传感任务的过程。收发器单元将节点连接到网络。传感器节点最重要的组成部分之一就是电源单元。如果电源单元是可再生电源，通常依赖如太阳能电池之类的功率回收单元来支持。传感器节点可能还有其他附加子单元，但需依赖于具体应用场景或系统。

大多数的传感器网络路由技术和传感任务都需要高精度的物理定位信息，因此，传感器节点通常具有定位系统。当需要移动器执行分配的任务时，有时可能需要配备移动器来移动传感器节点。所有这些子单元可能需要填充到一个火柴盒大小的模块中。所需的尺寸甚至可能小于 1cm³。除了尺寸，传感器节点还必须满足有一些其他严格的约束条件：

- 耗电量极低
- 在高容积密度下运行
- 生产成本低且可有可无
- 具有自主性和无人值守操作
- 适应环境

由于传感器节点部署后通常是不可回收或更改的，因此传感器网络的工作寿命取决于节点的寿命，而节点的寿命通常决定于能源资源的多少。由于规模的限制，节点上的能源是一种稀缺资源。例如，一个智能尘粒的总储存能量约为 1J。对于无线集成网络传感器（WINS），系统的总平均供电电流必须小于 $30\mu A$ 才能提供较长的工作寿命。WINS 节点由典型的锂硬币电池供电（直径 2.5cm，厚度 1cm）。通过能量再生可以延长传感器网络的寿命，这意味着从环境中提取能量。太阳能电池就是一个能量再生技术的例子。传感器节点的收发器单元可以是无源或有源光学设备，如智能灰尘尘粒或射频（RF）设备。射频通信需要调制、带通、滤波、解调和多路复用电路，这使得它们更加复杂和昂贵。另外，由于传感器节点的天线靠近地面，两个传感器节点之间传输信号的路径损耗可能高达它们之间距离的四次方。在大多数正在进行的传感器网络研究项目中无线通信是首选，因为传感器网络中传输的包很小，数据速率很低（通常小于 1Hz），并且由于通信距离短，基于蜂窝原理，频率重复使用很高。这些特性也使得在传感器网络中使用低占空比的无线电电子设备成为可能。然而，设计节能和低占空比的无线电电路在技术上仍然具有挑战性，目前的商用无线电技术（如蓝牙技术、ZigBee 技术等）对于传感器网络来说还不够有效，因为这些技术的无线射频模块需要消耗大量的能源。

虽然越来越小的处理器可以提供更高的计算能力，但传感器节点的信息处理和存储单元也是稀缺资源。例如，智能尘粒原型的处理单元是一个 4MHz 的 Atmel AVR 8535 微控制器，具有 8KB 的指令流存储器、512 B 的 RAM 和 512 B 的 EEPROM（A. Perrig et al.，2001）。这个处理器使用 TinyOS 操作系统，它有 3 500 B 的操作系统代码空间和 4 500 B 的可用代码空间。另一个传感器节点原型的处理单元，即 μAMPS 无线传感器节点，使用 59 - 206MHz SA - 1110 微处理器和多线程 μ - OS 操作系统。大多数传感任务都需要位置知识。由于传感器节点通常是随机部署和无人值守的，因此它们需要与定位系统合作，同时许多研究中的传感器网络路由协议也需要定位系统支持。通常假设每个传感器节点都有一个全球定位系统（GPS）单元，其精度至少为 5m（L. Li，J. Y. Halpern，2001）。有人认为在传感器网络中为所有传感器节点配备 GPS 是不可行的。一种替代方法是令其中有限数量的节点使用 GPS，并帮助其他节点在陆地上确定其位置。

1.3.5　传感器网络拓扑

传感器网络中使用的大量无法重复访问和无人值守的传感器节点，很容易发生故障，使该网络的拓扑维护成为一项具有挑战性的任务。整个传感器区域部署了数百到数千个节点。它们部署在彼此相距数米至数十米的范围内，节点密度可高达 20 个/m^3。密集部署的大量节点需要仔细处理拓扑维护。我们将在三个阶段检查拓扑和维护问题：

- 在部署前和部署阶段，可以大量抛掷传感器节点，也可以将其逐个放置在传感器场中。它们可以通过：
  - 从飞机上落下
  - 用炮弹、火箭或导弹投送

- 用弹射器（从船板等）投掷
- 在工厂中放置
- 由人或机器人逐个放置

尽管传感器数量庞大，无人值守部署通常无法根据精心设计的部署计划部署传感器，但初始部署方案必须：

- 降低安装成本
- 消除任何预先组织和预先规划的需要
- 增加布置的灵活性
- 促进自组织和容错

• 在部署后阶段，拓扑变化是由于传感器节点的变化引起的，包括：

- 位置
- 可达性（由于干扰、噪音、移动障碍物等）
- 可用能量
- 故障
- 任务详情

传感器节点可以静态部署。然而，由于能量消耗或破坏，设备故障是一种常见事件，也有可能是由传感器网络含有可以高度自主移动的节点，此外，传感器节点和网络的任务动态变化很大，可能成为蓄意干扰的目标。因此，传感器网络拓扑结构在部署后容易发生频繁的变化。

• 在额外节点的重新部署阶段，为了达到网络高度鲁棒性或可重复利用性，传感器网络可以随时重新部署额外的传感器节点，以替换出现故障的节点或适应任务动态的变化。添加新节点需要重新组织网络。在具有大量节点和非常严格的功耗约束的自组织网络中，为了应对频繁的拓扑变化，需要特殊的路由协议。

1.3.6 操作环境

传感器节点被密集地部署在非常近的或直接在要观察的现象内

部。因此，它们通常在偏远地区无人值守，可能工作在：

- 繁忙的十字路口
- 大型机械的内部
- 海洋底部
- 龙卷风中或在海洋表面
- 生物或化学污染的领域
- 敌人防线之外的战场上
- 一个家里或一个大建筑里
- 一个大仓库里
- 附着在动物身上
- 附着在快速移动的车辆上
- 水流流动的排水沟或河流中

由此可以了解传感器节点的工作环境：它们或在海底高压下工作，或在碎片或战场等恶劣环境下工作，或在极端高温和寒冷条件下（如飞机发动机喷嘴或北极地区），或在极为嘈杂的环境（如故意干扰）下工作。

1.3.7 传输介质

在多跳传感器网络中，通信节点通过无线通信链路连接。这些链路可以由无线电、红外或光学介质构成。为了使这些网络能够在全球范围内运行，所选的传输介质必须在全球范围内通用。无线电连接可使用工业、科学和医疗（Industrial Scientific Medical，ISM）频段，这在大多数国家提供了免许可证通信。《无线电条例》（第1卷）第S5条所载的国际频率分配表列出了可用于 ISM 应用的一些频段。其中一些频段已经被用于无绳电话系统和无线局域网（Wlan）中的通信。对于传感器网络，需要一个小型、低成本、超低功耗的收发器。研究表明，某些硬件限制以及天线效率和功耗之间的权衡限制了此类收发器载波频率的选择，使其只能在超高频范围内使用，并建议在欧洲使用 433MHz ISM 波段，在北美使用915MHz ISM 波段。使用 ISM 频段的主要优势是免费频谱、巨大的频谱分配和全球可用性。它们不受特定标准的约束，因此为网络节点设计和开发提供了更多的可选择性。但另一方面，使用 ISM 频段会受到各种各样的规则和约束，比如功率限制和来自现有应用的有害干扰。

目前大多数传感器节点的通信单元硬件都是基于射频电路设计的。E. Shih 等（2001）描述的 μAMPS 无线传感器节点使用和蓝牙兼容的 2.4GHz 收发器和集成频率合成器，A. Woo 和 D. Culler（2001）描述的低功耗传感器设备使用在 916MHz 下工作的单通道射频收发器，WINS 架构也使用无线链路进行通信。

传感器网络中另一种可能的节点间通信方式是使用红外频段。红外通信无须许可证，对电气设备的干扰也可以很好屏蔽。基于红外线的收发器更便宜，更容易制造，今天的许多笔记本电脑、掌上电脑和移动电话都提供了红外数据关联接口。但红外通信主要缺点是发送方和接收方之间需要在视距范围内且容易受到天气、障碍物的干扰。这使得在传感器网络场景中，红外线不太适合作为传输介质。

一个有趣的例子是智能微尘，它是一个使用光学介质进行传输的自主传感、计算和通信系统。B. Warneke 等（2001）研究了两种传输方案，即使用角锥反射器（CCR）的被动传输和使用激光二极管及可调反射镜的主动通信。在前者中，尘埃不需要搭载光源，三个反射镜（CCR）的配置用于通信数字高或低。后者使用一个机载激光二极管和一个主动控制的激光通信系统将一束紧密准直的光束发送到预定的接收器。

传感器网络的特殊应用要求使得传输介质的选择更具挑战性。例如，海洋应用可能需要使用含水的传输介质。在这里，人们希望使用能够穿透水面的长波辐射。不适于居住的地形或战场应用可能会遇到容易出错的信道和更大的干扰。此外，传感器天线的高度和辐射功率可能不及其他无线设备。因此，传输介质的选择必须得到可靠编码和调制方案的支持，这些方案能够有效地模拟这些差异极大的信道特性。

1.3.8　功率消耗

无线传感器节点作为微电子设备，只能配备有限的电源（容量<0.5Ah，1.2V）。在某些应用场景中，电力资源的补充可能很困难。因此，传感器节点寿命对电池寿命有很强的依赖性。在多跳Ad Hoc传感器网络中，每个节点都扮演着数据发起者和数据路由器的双重角色。少数节点的失效会导致显著的拓扑变化，可能需要重新路由数据包和重新组织网络。因此，节电和用电管理显得尤为重要。

正是基于这些原因，研究人员目前正致力于传感器网络功率感知协议和算法的设计。在其他移动和Ad Hoc网络中，功耗一直是一个重要的设计因素，但并不是首要考虑的因素。传统移动和Ad Hoc网络的关注重点是QoS保障，而不是电源效率。然而，在传感器网络中，电源效率是一个重要的性能指标，直接影响网络寿命。应用程序专用协议可以通过适当地牺牲其他性能指标（如延迟和吞吐量）以提高能效。传感器网络中节点的主要任务是检测事件、执行快速本地数据处理，然后传输数据。因此，功耗可分为感知、通信和数据处理三个领域。感应能耗随应用的性质而变化。零星的感知可能比持续的事件监视消耗更少的能量。事件检测的复杂性在决定能量消耗方面也起着至关重要的作用。较高的环境噪声水平可能会导致严重损坏并增加检测复杂性。在通常应用中，节点的数据通信和处理的能耗占了节点能耗的大部分，需要在协议算法设计中重点考虑。

1.4　无线传感器网络的应用

传感器网络中节点通常携带许多不同类型的传感器，如温湿度传感器、加速度传感器、光照强度传感器、气体低采样率传感器、热传感器、视觉传感器、红外传感器、声学传感器和雷达，能够监测各种环境条件，包括以下十个方面（D. Estrin et al.，1999）：

- 温度
- 湿度
- 车辆移动
- 雷电条件
- 压力
- 土壤组成
- 噪声级
- 是否存在某些类型的目标
- 附着物体的机械应力水平
- 当前特性，如速度、方向和物体大小

传感器节点可用于连续感知、事件检测、事件识别、位置感知和作动器本地控制。这些节点的微感知和无线连接的特性为许多新的应用领域带来了希望。我们将应用分为军事、环境、健康、家庭和其他商业领域，将来有可能将这一分类扩大到更多的类别，如空间探索、化学处理和救灾。

1.4.1　军事应用

无线传感器网络可以成为军事指挥、控制、通信、计算、情报、监视、侦察和目标（Command，Control，Communications，Computing，Intelligence，Surveillance，Reconnaissance，and Targeting，C4ISRT）系统的组成部分。传感器网络的快速部署、自组织和容错特性使其成为一种非常有前途的军用 C4ISRT 传感技术。由于传感器网络建立在一次性密集部署和低成本传感器节点的基础上，敌对势力摧毁一些节点对军事行动的影响不如对传统传感器的破坏那么大，这使得传感器网络成为一种更好的战场监视手段。

传感器网络的一些军事应用包括监测友军、装备和通信，战场监视，敌方部队和地形的侦察，目标定位，战斗损害评估以及核生化（Nuclear，Biological and Chemical，NBC）攻击探测和侦察。

- 监测友军、装备和通信：领导人和指挥官可以通过使用传感器网络不断监测友军的状态、位置以及战场上装备和弹药的可用性。每一支部队、车辆、装备和关键弹药都可以安装小型传感器用来报告状态。这些报告收集在 Sink 节点并发送给部队领导人。数据还可以转发到部队的上层指挥，同时与来自每个级别的其他单元的数据进行聚合。

- 战场监视：关键地形、接近路线、路径和海峡可通过传感器网络迅速覆盖，并密切监视敌方部队的活动。随着作战的发展和新作战计划的准备，新的传感器网络可以随时部署，随时进行战场监视。

- 侦察敌方部队和地形：传感器网络可在关键时刻部署，在敌方部队拦截或摧毁前，可在几分钟内收集到有关敌方部队和地形的详细和及时的情报。

- 目标定位：传感器网络可集成入智能弹药制导弹药的导航系统中，为目标定位提供辅助作用。

- 战斗损害评估：在攻击前后，可以在目标区域部署传感器网络，收集战斗损失评估数据。

- 核生化攻击探测和侦察：在化学和生物战中，接近地面零点对于及时准确地探测到这些毒剂是很重要的。部署在友军区域并作为化学或生物警报系统使用的传感器网络可以为友军提供关键的反应时间，从而大幅降低伤亡人数。同时还可以使用传感器网络在检测到 NBC 攻击后进行详细的侦察，可以在不使侦察队暴露于核辐射的情况下进行核侦察。

1.4.2 环境应用

传感器网络的一些环境应用包括跟踪鸟类、小动物和昆虫的活动；监测影响作物和牲畜的环境条件；灌溉；用于大规模地球监测和行星探测的大型仪器；化学/生物探测；精细农业；海洋、土壤和大气环境中的生物、地球和环境监测；森林火灾探测；气象或地球物理研究；洪水探测；环境生物复杂性绘图；污染研究。

- 森林火灾探测：由于传感器节点可能是战略性地、随机地、密集地部署在森林中，因此传感器节点可以在火势无法控制的情况下，将火灾的确切来源转发给最终用户。数百万个传感器节点可以进行大规模部署，并集成无线/光学系统进行通信。此外，因为传感器节点可能会在数月甚至数年内处于无人值守状态，它们还可能配备有效的能源再生方法，如太阳能电池。传感器节点将采取相互协作的工作方式，分布式感知意外事件的发生，并克服阻碍节点之间通信的障碍物，如树木和岩石，完成数据的最终传输。

- 生物多样性图谱：遥感和自动数据收集技术的进步使得空间、光谱和时间分辨率更高，单位面积的成本呈几何下降趋势。随着这些技术进步，传感器节点还能够连接到互联网，这使得远程用户能够控制、监视和观察环境的生物复杂性。虽然卫星和机载传感器在观测大型生物多样性（如优势植物物种的空间复杂性）方面很有用，但它们不具有足够细的颗粒，可以观察到小规模的生物多样性，而小规模多样性才是构成生态系统中大部分生物多样性的基础。因此，有必要在地面部署无线传感器节点以观察生物复杂性。

- 洪水探测：美国部署的 ALERT 系统就是洪水探测的一个例子。ALERT 系统部署的传感器有降雨、水位和天气传感器。这些传感器以预定义的方式向集中式数据库系统提供信息。而诸如康奈尔大学的 COUGAR 设备数据库项目和罗格斯大学的数据空间项目，都研究大规模无线传感器网络的分布式协同感知方法，以提供水文数据快照和长时间尺度数据查询服务。

- 精准农业：能够实时监测饮用水中的农药含量、土壤侵蚀程度和空气污染程度。

1.4.3 健康应用

传感器网络的一些健康应用系统可以为残疾人提供服务接口、

病人综合监测、诊断、医院的药物管理、监测昆虫或其他小动物的活动和内部过程、对人类生理数据的远程监测以及在医院里跟踪和监测医生和病人活动轨迹:

- 人体生理数据远程监控:传感器网络采集的生理数据可长期存储,并用于医学探索。安装的传感器网络还可以监测和检测老年人的行为,例如跌倒等突发事件。这些小的传感器节点允许受试者有更大的活动自由度,并允许医生更早地识别预定义的症状。此外,与治疗中心相比,它们有助于提高受试者的生活质量。法国格勒诺布尔医学院设计了一个"健康智能家居",以验证该系统的可行性。
- 跟踪和监控医院内的医生和病人:每个病人都有小而轻的传感器节点连接在他们身上。每个传感器节点都有其特定的任务。例如,一个传感器节点可以检测心率,而另一个传感器节点检测血压。医生也可以携带一个传感器节点,允许其他医生在医院内定位他们。
- 医院的药物管理:如果传感器节点可以连接到药物上,那么给患者开错药物的机会可以最小化,同时病人会有传感器节点来识别他们的过敏症和所需的药物,可以帮助减少不良药物事件。

1.4.4 家庭应用

- 家用电器:随着技术的进步,智能传感器节点和执行器可以集成到家用电器中,如吸尘器、微波炉、冰箱和录像机。家用电器设备内部的这些传感器节点可以通过互联网或卫星与外部网络进行交互。它们允许终端用户更方便地在本地和远程管理家庭设备。
- 智能环境:智能环境的设计可以有两种不同的视角,即以人为中心和以技术为中心。对于以人为中心,智能环境必须在输入/输出能力方面适应最终用户的需求。以技术为中心,必须开发新的硬件技术、网络解决方案和中间件服务。

如传感器节点可以嵌入到家具和应用中，并且可以相互通信，也可以与客房服务器进行通信。文件服务器还可以与其他文件服务器通信，以了解它们提供的服务，例如打印、扫描和传真。这些房间服务器和传感器节点可以与现有的嵌入式设备集成，成为基于控制理论模型的自组织、自调节和自适应系统。另一个智能环境的例子是佐治亚理工学院的"住宅实验室"。这种环境下的计算和感知必须是可靠的、持久的和透明的。

1.4.5　其他商业应用

一些商业应用包括监测材料疲劳、建立虚拟键盘、管理库存、监测产品质量、建造智能办公空间、办公楼环境控制、自动制造环境中的机器人控制和引导、交互式玩具、交互式博物馆、工厂过程控制和自动化、监测灾区、内置传感器节点的智能结构、机器诊断、运输、工厂仪表、执行机构的本地控制、检测和监控偷车事件、车辆跟踪和检测以及半导体加工室的仪表化，旋转机械、风洞和消声室。

- 办公楼环境控制：大部分建筑的空调和供暖都是集中控制的。因此，一个房间内部温度可以有几度的变化，一边可能比另一边暖和，因为房间里只有一个控制器，而来自中央系统的气流分布不均匀，从而造成这种状态。建筑内可安装分布式无线传感器网络系统来控制房间不同部位的气流和温度。据估计，这种分布式技术在美国可减少 2 000万亿英热单位（BTU）的能源消耗，相当于每年节省 550亿美元，减少 3 500 万 t 碳排放。

- 互动博物馆：未来，孩子们将能够与博物馆里的展品互动，以了解更多关于它们的知识。这些物体将能够对触摸和语音做出反应。此外，孩子们可以参加实时因果实验，这可以教他们有关科学和环境的知识。此外，无线传感器网络可以在博物馆内提供寻呼和定位。这类博物馆的一个例子是圣弗朗西索探索馆，它以数据测量和因果实验相结合为特色。

- 检测和监控汽车盗窃：部署传感器节点以检测和识别指定区域内的安全威胁，并通过互联网向远程终端用户报告这些威胁，以供分析。

- 管理库存控制：仓库中的每个产品都可以附加一个传感器节点。最终用户可以找到并统计同一类别的产品数量。如果用户想要增加新的产品，只需附加适当的传感器节点到产品上，就可以实时跟踪和定位产品的位置。

- 车辆跟踪与检测：对车辆进行跟踪和检测有两种方法：一种方法是首先在特定区域内确定车辆的行驶路线，然后将其转发到基站；另一种方法是传感器节点收集原始数据并转发到基站，由基站汇总数据综合分析以确定车辆的位置。

2 | 无线传感器网络节点

2.1 概述

无线传感器网络将处理、感知和通信结合到微型嵌入式设备中，使用点对点通信协议将所有设备组合成一个相互连接的网状网络，数据在所有节点之间无缝路由。这些网络不需要外部基础设施，可以扩展到数百甚至数千个节点。

本章将介绍标准传感器网络平台，其中的设备范围从毫米级定制硅到 PDA 大小的集成单元。对于任何传感器网络设备来说，关键是满足苛刻的持续供电能力的要求。与手机、笔记本电脑不同，大多数无线传感器网络不可能定期充电。在许多情况下，设备一次放置在野外多年，不需要任何维护或人为干预。

在传感器网络中，传感器节点被有意设计得尽可能小和便宜，但是会牺牲节点设备配置的灵活性。通用传感器节点通过柔性连接总线配置一系列简单的传感器，高带宽传感器节点包含处理复杂信息流（包括视频和语音处理）所需的内置数据处理和通信功能，网关节点提供传感器网络和传统网络基础设施（如以太网、802.11标准的无线局域网、3G/4G/5G 等蜂窝通信网、NB-IoT 网络和广域网等）之间的关键链路。

传统的网络概念一般不适用于无线传感器网络，如与传统操作系统不同，无线传感器网络的操作系统必须在核心代码层次优化无线连接。例如，在 TinyOS 中，一个专门的组件利用高级编译技术提供高效可靠的无线信道访问控制（Gay D. et al.，2003；Hill J. et al.，2000）。

2.2 传感器节点功能部件

通用传感器节点的系统架构由四个主要模块组成：电源、通信、数据处理单元和传感单元（图2-1）。电源模块由电池和DC-DC转换器组成，用于为节点供电。通信模块包括无线射频单元，大多数平台使用短距离无线信道，发射功率较小，其他解决方案还有激光和红外线等通信手段。数据处理单元由存储数据和应用程序的存储器、微控制器和从传感单元接收信号的模数转换器组成。传感单元将传感器节点连接到物理世界，并具有一组取决于具体应用的传感器和执行器。

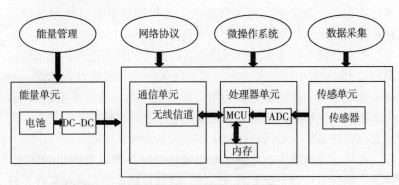

图2-1 传感器节点功能模块

图2-1还说明了无线传感器网络面临的一些挑战。电源管理层是控制传感器节点的主要资源，即能量供给的必要条件，可以利用电池电压供给曲线动态调整系统性能，同时可动态添加并充分利用其他能源。无线传感器网络需要设计全系的网络协议，如链路访问、网络、传输和应用层协议，并利用层间协议交互协调解决路由、寻址、集群、同步等问题。传感器节点需要一个微内核和专用操作系统，许多适用于小型设备（如手机、PDA等）的操作系统无法直接应用于无线传感器网络。网络中的数据过滤和融合的算法也是必要的，还有节点定位、信息安全等其他方面的挑战。传感单

元由一组传感器组成，这些传感器是对物理条件变化产生电响应的装置，如磁强计、加速度计、光、温度、压力、湿度等，传感器节点中使用的传感器类型取决于具体的应用。

总体来说，传感器节点设计时需要考虑下列要素：

- 能效：传感器节点必须节能。传感器节点的能量资源有限，能量供给水平决定了它们的寿命。由于无法为数千个节点充电，因此每个节点都应尽可能节能，能量是节点的主要资源，是设计和分析的主要考察指标。
- 低成本：传感器节点应尽量便宜，因为传感器网络部署时一般是成百上千个节点的大规模部署，因此每个节点应该是低成本的。
- 分布式感知：与单个传感器相比，使用无线传感器网络进行感知可以收集更多的数据，提供高精度的感知数据，分布式感知使得无线传感器网络提高了对环境感知的鲁棒性。
- 无线通信：在许多应用中，被监视区域没有通信基础设施，此时节点只能使用无线通信信道发送和接收数据。
- 多跳：单个传感器节点可能无法直接把数据发送到基站，只能通过接力的方式，通过多跳把感知数据中转到基站。采用多跳通信的另一个优点是无线电信号的发射功率和传输距离 r 的平方到四次方成正比（$r^2 - r^4$ 视障碍物情况而定），因此，根据 M. Bhardwaj 等（2001）所提供的无线电参数，发送多个短距离消息比发送一个长距离消息更节省能源。
- 分布式处理：每个传感器节点应能够处理本地数据，使用数据过滤和融合算法对数据进行处理，减少网络中数据传输数量。

2.2.1 数据处理单元

数据处理单元用于传感器节点的通信、数据采集和信息处理。传感器节点的中央处理器在很大程度上决定了传感器节点的能量消耗和计算能力。许多类型的 CPU 可以用作传感器节点的中央处理器，这使得传感器节点的设计具有很大灵活性。

2.2.1.1 FPGA

目前 FPGA 存在两大缺点。尽管市场上有低功耗 FPGA，例如 CoolRunner-Ⅱ CPLDs，其待机电流低至 $14\mu A$，但其耗能量仍达不到传感器节点的要求。例如，在 1.8V 和 20MHz 下运行的 CoolRunner Ⅱ 需要 17.22mA 的电流供应。另一个缺点是现在不能将 FPGA 模块设计成可以单独关闭的模块。除了消耗更多的能量，FPGA 还与传统的编程方法不兼容（即没有 C 编译器）。但这并不意味着 FPGA 永远无法应用在传感器网络中，随着超低功耗 FPGA 的发展，FPGA 将成为一个很好的解决方案，因为它具有可重编程和可重构的优点，消除了节点重新部署的成本。

2.2.1.2 微控制器

现在的微控制器不仅包括存储器和处理器，还包括非易失性存储器和诸如 ADC、UART、SPI、计数器和定时器等接口，这样它就可以与传感器和近距离无线通信设备集成在一起，组成一个传感器节点。微控制器有多种类型，从 4 位到 32 位不等，可以改变定时器的数量、ADC 的位数、功耗等。表 2-1 显示了几种实际微控制器的比较。

表 2-1　传感器节点常用的微控制器

属性	AT90L S8535	ATMega 103L	PIC16F8X	MSP430F149	StrongARM SA1100
位数	8	8	8	8	32
Flash	8	128	68	60	
RAM	512B	4KB	1B	2 028B	
ADC	10bit	10bit		12bit	
定时器	3	3	1	3	
工作电压	4.0～6.0V	2.7～3.6V	2.0～6.0V	1.8～3.6V	3.0～3.6V
工作功率	6.4mA	5.5mA	2mA@5V, 4MHz	$400\mu A$@3V	230mW@133MHz

（续）

属性	AT90L S8535	ATMega 103L	PIC16F8X	MSP430F149	StrongARM SA1100
休眠功率	1.9mA	1.6mA		1.3μA	50mW@133MHz
关机功率	<1μA	<1μA	<1μA	<0.1μA	25μA

属性	Atmel AT91M 42800A	MC68HC 05PV8A	80C51RD+	EM6603	DragonBall MC9328MX1
位数	16/32	8	8	4	16
Flash			64KB		
RAM	8KB	192B	1 024B	96×4B	128KB
ADC		8bit			13bit
定时器	6	1	1	1	2
工作电压	2.7~3.6V	3.3~5.0V	2.7~5.5V	1.2~3.6V	1.6~3.3V
工作功率		4.4mA	16mA@16MHz	1.8μA@32KHz	90mA@96MHz
休眠功率		1.95mA	4mA@16MHz	0.35μA	0.16mW
关机功率		485μA	50μA@16MHz	0.1μA	

　　EM6603 是 4 位的超低功耗芯片，但其计算能力也非常有限，一般用于 RFID 应用。Atmel AVR 微控制器在其他控制领域的应用较为普遍。PIC 芯片一般应用在教育领域，不太适用于能源至关重要的地方。8051 系列微控制器由于历史原因随处可见，但性能较低。DragonBall MC9328MX1 的优点是它是 16 位的，有一个蓝牙无线接口和一个时间处理单元（TPU），以及一个几乎能够执行各种实时控制任务的协处理器单元（比如对管脚进行采样）。它的缺点是性能较低（只有 2.7MIPS）、没有集成内存或闪存、占用空间相对较大（TQFP 144、TQFP 100）、没有超低功耗工作模式。

　　微控制器 MSP430F149 是传感器节点的一个很好的选择，因为它是 16 位的，处理能力可以达到 8MIPS，可提供更多的计算能力，而且功耗较低。它可处理模拟和数字信号，可通过一个标准的

JTAG 接口进行系统内 Flash 编程和嵌入式调试，并得到了包括 GCC 和 IAR Embedded Workbench 在内的多种开发工具的支持。

ARM 系列芯片具有浮点计算能力，对于需要更高计算能力的设备，例如网关或异构网络中的簇头节点，可以选择该芯片作为数据处理单元，如处理器模块 Intel StrongARM SA1100 嵌入式控制器。SA1100 是一款基于 ARM 架构的通用 32 位 RISC 微处理器，被评为最高效的处理器（以 MIPS/Watt 为单位）。该处理器提供 16KB 的指令缓存、8KB 的数据缓存、串行 I/O 和 JTAG 接口，所有这些都集成在一个芯片中。程序和数据存储由 1MB SRAM 和 4MB 可引导闪存提供。使用 4 线 SPI 接口可轻松实现与传感器模块的连接。处理器有正常、空闲和睡眠三种状态，可以通过对工作模式的控制来降低节点的能耗。

2.2.1.3　低能耗

区分低功耗和高能效是很重要的。低功耗是指设备每个时钟周期内消耗能量较低，而高能效是指设备每个指令消耗能量较低。例如，ATMega128L @ 4MHz 消耗的功耗是 16.5mW，ARM Thumb@40MHz 的功耗是 75mW，但是，ATMega128L@4MHz 的能效是 242MIPS/W，每条指令耗能 4nJ，ARM Thumb @ 40MHz 的能效是 480MIPS/W，每条指令耗能 2.1nJ。其他的例子有：

- Cygnal C8051F300@32KHz，3.3V 时 0.2nJ/指令
- IBM 405LP@152MHz，1.0V 时 0.35nJ/指令
- Cygnal C8051F300@25MHz，3.3V 时 0.5nJ/指令
- TMS320VC5510@200MHz，1.5V 时 0.8nJ/指令
- Xscale PXA250@400MHz，1.3V 时 1.1nJ/指令
- 对于 IBM 405LP@380MHz，1.8V 时 1.3nJ/指令
- 对于 Xscale PXA250@130MHz，0.85V 时 1.9nJ/指令

因此，微控制器的选择取决于应用场景，理想选择是使其性能水平与应用需求相匹配。

2.2.2 电源

电源模块由电池和 DC - DC 转换器组成，用于为节点供电。节点可以通过从环境中提取能量，例如光、振动、射频，来延长节点的工作寿命。Rajeevan Amirtharajah 等（2000）演示了一种从振动中提取电能的 MEMS 系统。目前，CMOS 晶体管和太阳能电池阵列可以共同制造并集成在一起，伊卡洛斯工艺将太阳能电池、高压 CMOS 和 SOI（绝缘体上的硅）MEMS 结构结合在同一个芯片上（Seth Hollar et al.，2003）。通过增加隔离沟，半导体器件和 MEMS 结构可以电隔离，太阳能电池可以堆叠以产生高电压。

基于已发表的研究、理论和实验，表 2 - 2 显示了不同能源的比较。

表 2 - 2　不同能源的比较

能源	能源密度
太阳能（室外）	$15mW/cm^2$（阳光直射），$0.15mW/cm^2$（阴天）
太阳能（室内）	$0.006mW/cm^2$（标准办公环境），$0.57mW/cm^2$（<60W 台灯）
震动	$0.01\sim0.1mW/cm^3$
声能	$3\sim6mW/cm^2$，75DB 时；或 $4\sim9.6mW/cm^2$，100DB 时
被动人体充能系统	1.8mW（植入鞋内）
核能	$80mW/cm^3$，$16mWH/cm^3$

2.2.2.1 电池

电池为传感器节点供电。电池类型的选择对传感器节点的设计有重要影响。为了避免过充或过放电问题，可以在传感器节点上增加电源电压调节器和其他元件。在各种应用中使用的电池有很多种。电池可分为一次电池（不可充电电池）和二次电池（可充电电池）。它们也可以根据用于电极的电化学材料进行分类，如 NiCd、NiZn、AgZn、NiMh 和锂离子。

表 2 - 3 比较了几种电池类型，其中镍氢电池和锂离子电池是

商业化程度最高的电池。

表 2-3 不同电池的比较

电池	是否可充电	能量密度（WH/L）	环境或健康是否友好
铝-二氧化锰	否	347	
氧化银	否	500	
锂/二氧化锰	否	550	
锌空气电池	否	1 150	
密封铅酸电池	是	90	是
镍镉电池	是	80～105	是
镍氢电池	是	175	否
锂离子电池	是	200	是
锂聚合物电池	是	300～415	

　　电池类型取决于应用。如果没有可再生能源，不可充电电池是更好的选择，因为这种电池具有更高的能量密度。在可充电电池中，锂电池似乎是最好的选择，不过，还有许多其他要考虑的因素。选择电池时需要详细检查应用系统的操作模式，如在脉冲放电的情况下，锂电池性能较差，而镍镉电池则表现良好，这是因为这些电池类型的内阻差异很大。此外，锂基电池成本较高。在可充电电池中，镍氢（NiMH）是唯一环保的产品，它的能量密度仅低于锂电池，并且可以随时充电而不会出现电压下降（记忆效应），缺点是该类型电池需要过充/过放电保护。

2.2.2.2 能源管理技术

　　传感器节点中有两种主要的节能模式，动态电源管理（Dynamic Power Management，DPM）和动态电压调度（Dynamic Voltage Scheduling，DVS）。DPM 背后的基本思想是在不需要时关闭设备，并在需要时启动它们。关闭某些组件可以很好地节省能源，但在许多情况下，系统不知道何时打开或关闭特定的设备，一种解决方案是利用随机分析来预测未来的事件。此外，节点还需要一个能够支持 DPM 的嵌入式操作系统，而对于微控制器，应具有空闲和休眠等不同的工作状态，并在设计时考虑在这些操作模式之间转换所涉及的能耗和延迟方面开销。

DVS 背后的主要思想是调整工作电压以匹配工作负载，避免节点的空闲周期。DVS 通过降低处理器的工作电压来降低处理器的功耗，通过改变电压和频率，有可能获得功耗的平方级降低。DVS 的问题是未来的工作负载是不确定的。对于 DVS，微控制器应允许改变其电压供给和时钟，可供选择的是 StrongARM SA - 1100，它可以在 59MHz/0.79V 到 251 MHz/1.65V 之间改变电压和频率。

2.2.3　通信

为了将感知到的数据传递给最终用户，节点需具有通信单元，有些节点甚至可以通过通信单元直接和基站通信，无线传感器网络常使用的无线通信模式有光通信、红外通信和射频（RF）通信。

2.2.3.1　光通信（激光）

光通信的优点是可以比射频通信消耗更少的能量；通信更安全，因为光通信没有广播，并且一旦光被阻断，通信立刻停止；光通信不需要天线。

光通信的缺点是需要视距内通信（即 LOS），因为发射设备的激光束必须与光接收器对齐，对大气条件敏感，通信是定向的，传感器节点不能随意部署。

2.2.3.2　红外通信

红外通信通常也是定向的。为了更便捷地部署传感器节点，PushPin 项目采用的一个解决方案是采用喷砂聚碳酸酯管制成的扩散器，以在平面内为红外收发器创建一个全向通信环境，不过此时节点仍然需要在平面内对齐。PushPin 项目采用了 IrDA 收发器 83F8851，通信距离只有 1m。红外通信的优点是不需要天线。

2.2.3.3　射频（RF）通信

射频通信基于无线电磁波，最大的挑战之一是天线尺寸。为了优化传输和接收，天线大小应是波长的四分之一，即 $\lambda/4$，其中 λ 是载波的波长。假设传感器节点无线电的四分之一波长为 1mm，则射频载波频率必须为 75GHz，这超出了现代低功率射频电子设备的频率范围。射频通信可以通过调制、滤波、解调等手段降低能量消耗，射频通信的优点是易用、成熟、有全套的解决方案，使其成为理想的传感器节点测试平台。

影响射频通信能耗的因素有调制类型、方案、数据速率、发射功率。射频通信模块可以在四种不同的工作模式下工作：发射、接收、空闲和睡眠。大多数射频模块在空闲模式下仍会消耗很多能量，几乎等于接收模式，因此对于传感器节点，及时关闭射频模块很重要。

（1）调制

本节讨论三种常用的调制方式，OOK（开关键控）、ASK（幅移键控）和 FSK（频移键控）。OOK 是 ASK 调制的一种特殊情况，在传输零的过程中没有载波。OOK 调制是一种非常流行的调制方式，这种调制方式简单、成本低并且在传输零时不需要发射信号，因此较为节省能量。OOK 调制的缺点是存在不易消除的干扰信号。

FSK 调制在存在干扰信号时性能更好。但 FSK 调制复杂，实现成本高。ASK 调制的抗干扰能力强于 OOK 调制，比 FSK 调制更容易实现，成本更低。

OOK 和 ASK 接收机都需要一个可调整的阈值或自动增益控制机制（Automatic Gain Control，AGC），以确保最佳的阈值设置。FSK 调制通常不需要这样做，因为它包含了一个限制器，可以在一定的动态范围内保持包络信号振幅恒定。

（2）现成的射频组件

RFM TR1000 是一种混合无线收发器，非常适合无线传感器网络应用，它具有低功耗和小尺寸的特点。TR1000 支持高达 115.2kbps 的射频数据传输速率，并在 3V 电压下工作。在 115.2kbps 幅移键控时，接收期间的功耗约为 14.4mW，传输期间的功耗为 36mW，在休眠模式下为 $15\mu W$。发射机输出功率最大为 0.75mW。该组件已在大多数传感器节点平台中使用。

Chipcon 的 CC1000 是一款非常低功耗的 CMOS 射频收发器，数据传输速率高达 76.8kbps。它有一个内部位同步器，简化了微控制器高速无线链路的设计。信号接口也可以直接采用微控制器的 UART 串行总线接口。在断电模式下，CC1000 的电流为 $0.2\mu A$。CC1000 主要用于 ISM/SRD 频段的 315、433、868 和 915MHz 的 FSK 系统。相比 TR1000，它的优势在于可以很容易地通过编程在 300MHz 到 1 000MHz 之间的频率运行。

射频模块取决于应用的频段。如果希望使用 ISM（工业、科学和医疗）频谱，而不是 300~1 000MHz 的频带，则可以选择 $\mu AMPS$ 项目中采用的 LMX3162。LMX3162 是一款专门优化用于 ISM 2.45GHz 频段的单片无线收发器。

蓝牙是一种提供小尺寸、低成本、短距离无线通信的标准。蓝牙标准提供了无线链路、基带链路和链路管理器协议的规范。无线链路规定了射频功率、频谱和调制等因素。蓝牙设备分为 3 种功率等级：最大等级用于远距离通信（~100m），最大输出为 20dBm 和 100mW；第二级是普通距离通信（~10m），输出功率为 4dBm 和 2.5mW；第三级为近距离通信（~10cm），输出功率为 0dBm 和 1mW。

表 2-4 比较了蓝牙设备和已经讨论过的模块。对于传感器节点来说，蓝牙吞吐量虽然较高，但该协议实现较为复杂，不适用于无线传感器网络的普通节点，不过对于需要高速数据传输的网关或传感器节点（如视频），蓝牙是一个很好的解决方案。另一个选择是 WINS 项目采用的解决方案，该方案使用射频模块 Conexant Systems RDSSS9M 芯片组，该芯片组可以实现 900MHz 扩频射频通信。该芯片组有一个嵌入式 65C02 微控制器，执行直接序列扩频通信以及与处理器模块的数据交换所需的所有控制和监控功能。射频模块在可由控制器选择的 ISM 频段的 40 个频段中的一个频段上工作，发射功率可在 1 到 100mW 之间调节，从而能够使用各种能耗优化的通信算法。

表 2-4　不同射频模块的比较

	TR1000	CC1000	LMX3162	Philstar PH2401
调制类型	OOK/ASK	FSK		GFSK
载波频率	915.5MHz	300~1000MHz	2.45GHz	2.4GHz
工作电压	3V	2.1~2.6V	3.0~5.5V	1.8V
发射模式电流	12mA	16.5mA, 868MHz, 0dBm	50mA	<20mA
接收模式电流	3.8mA@115.2kbps, 1.8mA@2.4kbps	9.6mA@868MHz	27mA	<20mA
带宽	OOK30kbps, ASK115.2kbps	最高 76.8kbps		1Mbps
接收器灵敏度	−97dBm@115.2kbps	−110dBm@2.4kBaud	−93dBm	−84dBm
发射器功率	0dBm	−20~10dBm	−7.5dBm	2dBm

（3）射频模块的唤醒

对于通信单元来说，一个重要的挑战是如何唤醒射频模块，基本工作模式是设计一个低功率射频系统，可以接收非常简单的通信，特别是检测是否有需要与自己的节点进行通信的情况。在这种情况下，它可以接通主射频单元，然后接收实际的通信。在 PC 机中，诸如键盘按下或网络数据包到达等外部事件会导致系统的其余部分被唤醒。然而，在传感器节点中，这种方法是行不通的，因为它通常比其他组件更耗电，因此，通常为了节能需要关闭整个射频单元，但关闭整个射频单元意味着相邻节点无法唤醒该节点，这会导致信息的丢失、时延的增加和能量的浪费。因此，传感器网络领域的一个研究热点是如何设计一个超低功率的通信信道来根据需要唤醒相邻节点。

2.3　传感器节点

表 2-5 显示了不同传感器节点的射频单元、数据处理单元、

操作系统和内存等主要模块。

表2－5　不同传感器节点的比较

传感器节点	射频	处理器	操作系统	内存
μAMPS	LMX3162	StrongArm SA－1100	RedHat eeCos	512KB Flash
WINS	Conexant′s RDSSS9M	StrongArm SA－1100	μC/OS－Ⅱ	4MB Flash
PicoNode	Proprietary	DW8051		
PushPin	IrDA 83F8851	Cygnal C8051F016	Bertha	
Eyes	TR1000	MSP430F149		8Mbit
WeC Mote	TR1000	AT90LS8535		32KB EEPROM
Mica Mote	TR1000	ATMEGA103L	TinyOS	512KB Flash
Mica2 Mote	CC1000	ATMEGA128L	TinyOS	512KB Flash
iBadge	TR1000	ATMEGA103L		

　　伯克利大学的智能微尘项目，旨在开发毫米级的传感器节点，目标是不断使传感器节点微小化，甚至可以达到灰尘的尺度。这是一个长期的项目，第一步是开发 Mote 系列节点。WeC Mote 是此项目开发的首批传感器节点之一，然后升级到 Mica Mote，最后升级到 Mica2 Mote。Mica2 的优势是它的射频模块，比 TR1000 安全性更好（CC1000）。另一个优点是它不需要一个协处理器来重新对传感器节点进行编程，而 AT90LS8535 和 ATMEGA103L 的驱动不允许对内存的一部分重新编程，需要额外的协处理器来完成这项工作。Mote 家族使用的操作系统是 TinyOS，一种紧凑而简单的基于事件的操作系统。伯克利无线研究中心的 PicoRadio 项目的目标是开发一种低成本、低功耗的传感器节点，重点是设计射频单元的硬件、链路和网络层协议。

　　Medusa Mk－2 和 iBadge 是加州大学洛杉矶分校研发的传感器节点。这些传感器节点使用多个处理器，iBadge 还包括一个蓝牙芯片。这些节点可以充当传感器网络的网关节点。

　　PushPin 是麻省理工学院开发的一种传感器节点，使用红外线作为通信手段，操作系统 Bertha 适合于 8051 微控制器。EYES 项目是一个欧洲研究小组，设计出了传感器节点的原型系统，这个原型系统使用的处理器是由德州仪器公司生产的 MSP‐430F149，节点还配备了 8Mbit 的 EEPROM 存储器（用于应用和数据存储），他们也在开发无线传感器网络的操作系统。μAMPS（微型自适应多域能量感知传感器）和 WINS 是加州大学洛杉矶分校罗克韦尔科学中心开发的传感器节点，选用低能耗 StrongARM（SA‐1100）作为微处理器，使用 DVS 技术（动态电压调整）控制节点能耗。μAMPS 可通过编程实现电压 $0.85 \sim 1.44$V、频率 $74 \sim 206$MHz 的动态调整。

2.4　本章小结

无线传感器网络具有规模大、部署随机、应用多变的特点，因此要求传感器节点足够便宜、体积小，同时又具有足够的数据处理、通信、感知能力。传感器节点一般由供电供给能源，没有可再生的能源。这些特点要求我们在设计传感器节点时充分考虑成本、体积、能源的限制，尽量采取成熟可靠、便于大批量制造的货架产品，充分考虑特定应用的特定需求，通过优良的软硬件设计减少节点工作时的能耗，为传感器网络的大规模应用奠定良好的基础。

3 | 无线传感器网络的拓扑管理

3.1 概述

无线传感器网络部署时，传感器节点分散在不同节点密度的感知区域中。典型的节点密度可能从相距 3m 的节点到高达每平方米 20 个节点不等。每个节点都有一个可以感知数据的感知半径，以及一个可以与另一个节点通信的通信半径。每一个节点都将从环境中收集原始数据，进行本地处理，然后以多跳方式将这些汇聚的数据传输回 Sink 节点或最终用户的数据服务器。最终用户获得的来自不同节点上的信息越多，就越有可能提供关于更可靠和正确的信息。能够部署高效传感器网络的一个重要标准是找到最佳节点布置策略。

在大型感知区域部署节点需要有效的拓扑控制。节点可以手动放置在预定位置，也可以从飞机上撒布。由于传感器在大多数实际情况下是随机分散的，因此很难找到一种能够最大限度地降低成本，减少计算和通信开销，抵御节点故障，并提供高度区域覆盖的随机部署策略。区域覆盖的概念可以看作是传感器网络中服务质量（Quality of Service，QoS）的一种度量，它意味着感知区域中的每个点被传感范围覆盖的程度。一旦节点部署到感知区域，它们就自组织形成了一个独立通信网络，该网络可能随着时间的推移而动态变化，这取决于感知区域的拓扑结构、节点间隔、剩余电池电量、静态和移动障碍物、噪声的存在以及其他因素。网络可以看作是一个无向图，传感器节点充当顶点，任何两个节点之间的通信路径表示一条边。

在无线传感器网络中，节点之间通信链路往往是不可靠、不安全的。这些链路可以由无线电、红外或光学介质构成。尽管红外通信不需要许可证并且廉价，抗电子设备的干扰，但是它需要发送方和接收方之间的视距内连接。"智能微尘"是一种基于光学介质传输的自主传感、运算和通信系统，也需要视距内连接。目前大多数用于节点间通信的硬件都是基于射频（RF）电路设计的，其中无线通信链路的安全是一个非常重要的问题，因为潜在的恶意用户和窃听者可以修改和破坏数据包，在网络中插入恶意数据包，或发起拒绝服务（DoS）攻击。因此，为传感器网络设计合适的认证协议和加密算法是非常重要的，也是一项具有挑战性的任务，特别是在前面提到的严重的资源限制的情况下。

路由协议和节点调度是无线传感器网络的另两个重要方面，因为它们对整体能量消耗有着重要的影响。路由协议主要涉及从源到目的地之间最佳路由路径的发现，考虑到延迟、能量消耗、鲁棒性和通信成本，传统的方法，如洪泛模式（Flooding）或流言模式（Gossiping）会在整个网络中发送大量冗余信息，浪费宝贵的通信和能源资源。此外，这些协议既不是资源感知的，也不是资源自适应的，因此无线传感器网络的路由挑战在于设计具有成本效益的路由协议，它可以使用资源自适应算法在无线传感器网络中有效地传播信息。能耗优化的节点调度算法需要识别网络中的冗余节点，使得这些节点可以在不活动时关闭射频单元，节省能耗。

优化资源管理和保证可靠的 QoS 是自组织无线传感器网络最基本的两个要求。传感器部署策略在提供更好的 QoS 方面起着非常重要的作用，这与感知区域中每个点的覆盖情况有关。由于严重的资源限制和恶劣的环境条件，设计一个高效的部署策略是非常重要的，它将使节点成本最小化、减少运算强度、最小化节点到节点通信、提供高度的区域覆盖。而研究部署策略面临的挑战是，因为关于感知区域的拓扑信息很少且可信度不高，并且这些信息可能会随着时间的推移由于障碍物的存在发生变化。许多无线传感器网络应用需要一个可以衡量的面积覆盖模型，在这些应用中，有必要确定影响整个系统性能的有效覆盖度的精确度量，D. W. Gage (1992) 定义了三种覆盖模型：

- 地毯式覆盖：传感器节点静态布置，最大限度地提高感知区域中目标的检测率。
- 障碍物覆盖：传感器节点静态布置，最大限度地降低未检测到的穿透障碍物的概率。
- 扫描覆盖：在感知区域内部署多个移动节点，在最大化检测率和最小化单位面积漏检数量之间实现某种平衡。

障碍物覆盖的目标是确定合适的传感器节点部署方式，以便根据底层应用程序的需要实现最佳区域覆盖。值得一提的是，面积覆盖问题与计算几何中的传统美术馆问题（Art Gallery Problem, AGP）有关。AGP 寻求确定可放置在多边形环境中的最小摄像机数量，以便环境中的每个点都受到监控。类似地，覆盖问题基本上涉及放置最少数量的节点，以便在上述资源限制、障碍物存在、噪声和地形变化的情况下，感知区域中的每个点都能得到最佳覆盖。

感知区域中特定点的覆盖程度可以与传感范围内覆盖该点的传感器数量有关。据观察和假设，不同的应用将需要不同程度的覆盖度。例如，军事监视应用需要高覆盖度，因为它希望一个区域同时由多个节点监视，这样即使某些节点停止工作，该区域的安全也不会受到损害，其他节点仍将继续工作；而一些环境监测应用，如动物栖息地监测或建筑物内温度监测，可能需要较低的覆盖度。一些特定的应用可能需要一个框架，在这个框架中可以动态地配置网络的覆盖程度。这类应用程序的一个例子是入侵检测，在这种情况下，限制区域通常以中等程度的覆盖进行监控，直到实现或发生入侵威胁或行为为止。在这一点上，网络将需要自我配置，并增加在可能的威胁地点的覆盖程度。一个覆盖度高的网络显然对节点故障的恢复能力更强。因此，在设计新的部署策略时，覆盖度要求在不同的应用系统中有所不同。

在无线传感器网络中，连接性的概念与覆盖度一样重要。如果一个传感器网络被看作一个以传感器节点为顶点，任何两个节点之间的通信链路（如果存在）为边的图，那么，如果不存在孤立的点或割裂的子图，则意味着该图是连通的，也就是说，图中任意两个节点之间存在一个由连续边组成的单跳或多跳通信路径。与覆盖度的概念类似，我们还将引入网络连通度的概念。如果移除任何 $k-1$ 个节点不会导致连通图割裂，则称传感器网络具有 k 连通性或 k 节点连接。在后面的章节中，我们将从图论的角度提供 k 连通性和 k 覆盖的正式定义。与单级覆盖一样，单节点连接对于许多传感器网络应用来说并不充分，因为单个节点的故障会导致网络断开连接。需要指出的是，传感器网络的鲁棒性和吞吐量与连通性直接相关。无线传感器网络中的区域覆盖和连通性并不是没有关系的问题。因此，最佳传感器部署策略的目标是在优化覆盖的同时，建立一个全连通的网络。通过优化覆盖范围，可以采用合适的部署策略以确保传感器网络可以根据应用的需要覆盖感知区域的最佳区域，同时，通过确保网络连接，还可以将感知到的信息传输到采集节点，或者网络中的数据汇聚节点。

3.2 网络的覆盖模型

本节将介绍适用于无线传感器网络的传感模型、通信模型、覆盖模型、和基于图论的网络连接模型的基本数学框架。

3.2.1 传感器模型

每个节点都有一个感知区域，其感知半径可以理想化为无穷大，但有效感知半径通常随着距离的增加逐渐衰减。我们引入传感器 S_i 在 P 点的灵敏度模型（S. Megerian et al.，2002）：

$$S(S_i, P) = \frac{\lambda}{[d(S_i, P)]^{\gamma}} \qquad (3-1)$$

式中，λ 和 γ 是与传感器相关的正值参数，d (S_i, P) 是传感器 S_i 和 P 点之间的欧几里得距离。一般来说，γ 值取决于环境参数，在 $2\sim4$ 范围变化。由于传感器感知灵敏度随着距离的增加而迅速降低，因此我们为每个传感器定义了一个最大感知范围。通常假设传感器节点的感知范围是一个二元传感模型，根据该模型，传感器能够在其感知范围内对所有点感知，而超出其感知范围的任何点都无法感知。因此，根据该模型，每个传感器的感知范围被限制在半径为 R_s 的圆盘内。在异构传感器网络中，不同类型传感器的感知半径可能不同，但在本章中，为了简化对覆盖算法的分析，我们假设所有节点都是同质的，并且所有节点的最大感知半径相同，都为 R_s。

这种二元感知模型可以扩展到更真实的节点，并用概率表示（Y. Zou，K. Chakrabarty，2004）。如图 3 - 1 所示，假设 $R_u < R_s$，这样传感器在小于或等于 $R_s - R_u$ 的距离处检测到物体的概率为 1，而距离大于或等于 $R_s + R_u$ 的概率为 0。在间隔 $(R_s - R_u, R_s + R_u)$ 存在一定的概率 p，即传感器检测到目标。R_u 是传感器检测不确定度的量度。这种概率传感模型比较真实地反映了红外和超声波传感器等设备的感知行为。

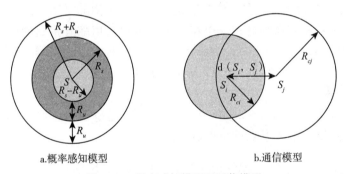

a.概率感知模型　　　　　　　　b.通信模型

图 3 - 1　概率感知模型和通信模型

3.2.2 通信模型

与传感半径类似，我们为每个传感器节点 S_i 定义了一个通信半径 R_{ci}（图 3-1）。如果两个传感器之间的欧氏距离小于或等于其通信半径的最小值，即当 $d(S_i, S_j) \leqslant \min(R_{ci}, R_{cj})$ 时，两个传感器能够相互通信。这基本上意味着通信半径较小的传感器落在另一个传感器的通信半径内。两个能够相互通信的节点称为单跳邻居。根据单个传感器的剩余电池电量（能量），通信半径可能会有所不同。在本章中，我们假设所有节点的通信半径相同，用 R_c 表示。

3.2.3 覆盖模型

根据节点感知范围，单个节点将能够感知到感知区域的一部分。根据概率感知模型，我们定义传感器 S_i 对点 $P(x_i, y_i)$ 的概率覆盖度模型如下：

$$c_{x_i,y_i}(S_i) = \begin{cases} 0 & R_s + R_u \leqslant d(S_i, P) \\ e^{-\gamma\alpha^\beta} & R_s - R_u \leqslant d(S_i, P) \leqslant R_s + R_u \\ 1 & R_s - R_u \geqslant d(S_i, P) \end{cases} \quad (3-2)$$

式中，$\alpha = d(S_i, P) - (R_s - R_u)$，$\alpha$、$\gamma$ 和 β 是测量物体在距离传感器一定距离内时感知概率的参数。位于距离传感器 $R_s - R_u$ 范围内的所有点被称为 1 覆盖，并且位于间隔 $(R_s - R_u, R_s + R_u)$ 内的所有点都具有一个覆盖值，该覆盖值随着距离的增加呈指数减小，并且小于 1。在距离 $R_s + R_u$ 之外，该传感器对所有点的覆盖为 0。然而，一个点可能同时被多个传感器覆盖，每个传感器都有一定的覆盖概率。

设 $S = \{S_i, i = 1, 2, \cdots, k\}$ 为感知范围覆盖点 $P(x_i, y_i)$ 的节点集，定义 P 点的总覆盖度为：

$$c_{x_i,y_i}(S) = 1 - \prod_{i=1}^{k}(1 - c_{x_i,y_i}(S_i)) \quad (3-3)$$

由于 $c_{x_i,y_i}(S_i)$ 是式 3-2 中定义的点的概率覆盖度，因此式 $1 - c_{x_i,y_i}(S_i)$ 是传感器 S_i 不覆盖该点的概率。由于一个节点对一个点的覆盖概率是独立于另一个节点的，因此所有这些 k 项的乘积 $\prod_{i=1}^{k}(1 - c_{x_i,y_i}(S_i))$ 将表示该点不被任何节点覆盖的联合概率。因此，减去这个乘积，可以得到 P 点被相邻传感器共同覆盖的概率，并定义为其总覆盖度。显然，一个点的总覆盖范围在区间[0，1]。

3.2.4 几何随机图

本节将提供一些与图论相关的概念,这些概念涉及覆盖和连通性的概念。相较于特定的传感、通信和覆盖模型,几何随机图(Geometric Random Graph,GRG)的结构具有和无线传感器网络最相似的特性。关于无线传感器网络的许多研究,例如在感知区域中随机分布节点和通过不同路径同时路由信息,都激发了对 GRG 的研究。此外,在实践中观察到,由于隐藏节点和曝光节点的存在,传感器网络部署不能过于密集。具体地说,当一个特定节点正在传输时,其传输半径内的所有其他节点必须保持沉默,以避免数据冲突和损坏。在这一章中,我们考虑通用 GRG 模型 $G(n, r, l)$。我们不限制图顶点在单位平方内的位置,而是假定顶点在一个 d 维空间中按照概率分布函数(Probability Density Function,PDF)分布,每个维的长度为 l,如果两个顶点之间的欧几里得距离小于通信半径,则在任意两个维度之间存在一条边。在这个一般的 GRG 模型中,当 $l \to \infty$ 时,节点密度 n/l^2 是收敛到零、到某一个常数 $c>0$ 或发散,取决于 n、r 和 l 的相对值。因此,该模型适用于稀疏和密集通信网络。

一般将 $G(n, r, l) = \{V, E\}$ 定义为几何随机图,其中 n 个顶点按照概率分布函数 f 分布,如果任意两个节点 u 和 v 之间的距离 $d(u, v) < r$,且 $0 < r < l$,则这两个点属于 V,这两个点间存在一条边属于 E。

GRG 的一些研究成果可以应用于无线传感器网络的连通性研究。例如,如果我们假设基于无线网络产生一个通信图,那么这个图连通所需的所有传感器节点的最小传输半径,等于建立在 GRG 上的最小生成树的最长欧几里得边。这些结果可以用连续介质渗流理论进行分析(L. Booth et al., 2003)。在连续介质渗流理论中,节点按泊松密度 λ 分布。该理论的主要结果是存在一个有限的正的 λ 值,如 λ_c,称为临界密度,从而在图中发生相变。这意味着当节点密度超过特定阈值 λ_c 时,Ad Hoc 网络的可感知性变为 1;也就是说，可以以几乎等于 1 的概率感知到传感器网络中的事件。

3.3　图连通性

在前面的章节中，我们介绍了覆盖度和连通度的概念。这里我们就图中节点度和连通度等概念进行形式化定义（D. B. West，2003）。

定义节点度：设 G（V，E）为无向图。顶点 $u \in V$ 的度 deg（u）定义为 u 的邻居数。G 的最小节点度定义为 δ（G）= $\min_{\forall u \in G}$ {deg（G）}。

定义 k 节点连通性：如果每对节点都存在一个单跳或多跳路径连接它们，则称图是连通的；否则，该图称为割裂的。如果任何一对节点至少有 k 条相互独立（节点不相交）的路径将它们连接起来，则称图为 k 连通的。换言之，没有一组（$k-1$）节点，删除这些节点会使图断开连接或导致一个平凡的图（单顶点）。

定义 k-边连通性：同样，当每对节点之间至少存在 k 条边不相交的路径时，则称图是 k-边连通。换言之，没有一组（$k-1$）边的移除将导致割裂图或平凡图。

图 3-2　三连通图和割裂图

D. B. West（2003）证明了如果一个图是 k-节点连通的，那么它也是 k-边连通的，但反过来不一定成立。如图 3-2 显示了一个三连通图和一个割裂的图形。将这些图的连通性定义映射到无线传感器网络场景中，如果网络中每对节点之间存在单跳或多跳通信路径，则称传感器节点形成的通信图是连接的。如果在每个节点的传输范围 R_r 内至少有 k 个其他节点，则传感器网络是 k 连接的。传感器网络的连通性问题可以从不同角度探讨，其中一种方法是将不同的传输范围分配给传感器，从而使网络连接起来，这个问题被定义为临界传输范围（Critical Transmission Range，CTR）分配问题（P. Santi，D. M. Blough，2003）。对于传输半径相同的传感器网络的情况，可以将其公式化如下：给定在区域 A 中部署的节点总数为 N，那么分配给所有传感器的传输范围的最小值是多少才可以确保网络保持全连接？

我们现在准备描述各种用于确保最佳网络覆盖和连通性的技术。在以下几节中，我们将这些方法分为三大类，并从目标、假设、算法复杂性和实际适用性方面对其进行分析：

- 基于曝光路径的覆盖
- 基于传感器部署策略的覆盖
- 其他策略

3.3.1 基于曝光路径的覆盖

利用曝光路径来解决无线传感器网络的覆盖问题，基本上是一个组合优化问题。在构建覆盖问题时存在两种优化观点：最坏情况下的覆盖度和最佳情况下的覆盖度。在最坏的覆盖情况下，通常通过尝试找到穿过感知区域的路径来解决问题，这样节点可感知到沿着该路径发生的事件的可能性最小。找到这样一个最坏情况下的路径是很重要的，因为如果这样的路径存在于感知区域中，用户可以通过改变节点的位置或添加新的节点来扩大覆盖范围，从而提高覆盖度。解决最坏情况覆盖问题的两种方法是最小曝光路径（S. Megerian et al.，2002）和最大破坏路径（X. Y. Li et al.，2003；S. Meguer dichlan et al.，2001）。

另一方面，在最佳覆盖情况下，目标是找到一条具有最高覆盖度的路径，因此沿着该路径发生的事件最有可能被节点感知到。找到这样一条路径对于某些应用是很有用的，如在最关注安全的地区需要最佳覆盖路径的应用，或者那些希望最大限度地利用节点感知穿越区域的移动目标的应用。例如，太阳能驱动的自主机器人在光探测传感器网络中行进，以便在一定的时间范围内积累最多的光。利用最佳覆盖路径，太阳能机器人可以在有限的时间内获得最大的光照。解决最佳情况覆盖问题的两种方法是最大曝光路径（G. Veltri et al.，2003）和最大支持路径（S. Meguerdichian et al.，2001）。下文中，本书描述了几种计算最坏情况和最佳情况覆盖路径的方法，以及使用曝光概念来获得分析结果的算法。

3.3.1.1 最小曝光路径：最坏情况下的覆盖范围

曝光与传感器网络中的区域覆盖问题直接相关。它是一种测量传感器感知区域的覆盖程度的方法。它可以定义为能够观察到目标在感知区域内移动的预期平均能力。最小曝光路径提供了传感器网络中最坏情况下覆盖的有价值的信息。曝光可被定义为特定时间间隔内，沿着两个指定点之间的路径与传感器距离呈反比的感知函数的积分（G. Veltri et al.，2003；S. Meguerdichian et al.，2001）。

定义曝光：在时间间隔（t_1，t_2）期间，沿路径 P（t）移动的物体在感知区域中点 P 的曝光为：

$$E(P(t),t_1,t_2) = \int_{t_1}^{t_2} I(F,P(t)) \left| \frac{\mathrm{d}P(t)}{\mathrm{d}t} \right| \mathrm{d}t \qquad (3-4)$$

其中，感知功能 I（F，P（t））是路径上距离点 P 最近的传感器节点，或者所有的节点对目标感知的灵敏度的度量。

在第一种情况下，它被称为最近感知强度，定义为 I（F，P（t））$=S$（S_{min}，P），其中灵敏度 S 由式 3-1 给出，S_{min} 是最接近点 P 的传感器节点。在后一种情况下，它被称为全部感知强度，定义为 I_A（F，P（t））$= \sum_1^n S$（S_i，P）；路径上 n 个活动传感器，S_1，S_2，…，S_n，根据它们与点 P 的距离，对点 P 贡献一定的灵敏度值。在式 3-4 中，数量 $\left| \frac{\mathrm{d}P(t)}{\mathrm{d}t} \right|$ 是路径的弧元素，如果路径在参数坐标系中的定义为 P（t）$=$（x（t），y（t）），那么

$$\left| \frac{\mathrm{d}P(t)}{\mathrm{d}t} \right| = \sqrt{\left(\frac{\mathrm{d}x(t)}{\mathrm{d}t} \right)^2 + \left(\frac{\mathrm{d}y(t)}{\mathrm{d}t} \right)^2} \qquad (3-5)$$

式 3-5 给出的曝光定义使其成为与路径相关的值。给定感知区域的两个端点 A 和 B，它们之间的不同路径（图 3-3a）可能具

有不同的曝光值。最小曝光路径的问题是在感知区域中寻找路径 P（t），使得积 E（P（t），t_1，t_2）的值最小。下面，将对计算最小曝光路径的一些策略进行介绍。

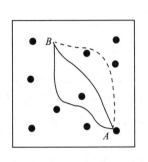

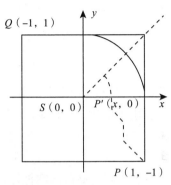

a. A、B之间具有不同曝光度的不同路径　　b. 正方形感知区域内单个节点的最小曝光路径

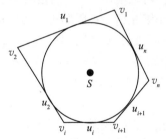

c. 凸多边形包围的单个节点的最小曝光路径

图 3-3　最小曝光路径

作为一个例子，如图 3-3b 所示，两个给定点 P（1，-1）和 Q（-1，1）之间的最小曝光路径限制在区域 $|x| \leqslant 1$、$|y| \leqslant 1$ 范围内，并且只有一个传感器位于（0，0）处，由三段组成：一是从 P 到（1，0）的直线段；二是从（1，0）到（0，1）的四分之一圆；三是从（0，1）到 Q 的另一条直线段。原因在于，由于虚线曲线上的任何一点比沿正方形边缘的直线段上的任何点更接近传感器，在前一种情况下，曝光度更大。此外，由于虚线的长度比线段长，所以当物体沿其行进时，虚线会引起更多的曝光，因为两种情况下的持

续时间相同。据计算，图 3-3b 中沿四分之一圆弧的曝光为 $\pi/2$。

当传感区域为凸多边形（v_1，v_2，$\cdots$，v_n）且传感器位于内接圆中心时，如图 3-3c 所示，该方法可按以下方式扩展至更一般的情况。兹将多边形的点 v_i 和 v_j 之间的两条曲线定义为：

$$\Gamma_{ij} = \overline{v_i u_i} \circ \overset{\frown}{u_i u_{i+1}} \circ \overset{\frown}{u_{i+1} u_{i+2}} \circ \cdots \circ \overset{\frown}{u_{j-1} v_j}$$

$$\Gamma'_{ij} = \overline{v_i u_{i-1}} \circ \overset{\frown}{u_{i-1} u_{i-2}} \circ \overset{\frown}{u_{i-2} u_3} \circ \cdots \circ \overset{\frown}{u_{j+1} u_j} \circ \overset{\frown}{u_j v_j} \quad (3-6)$$

式中，$\overline{v_i u_i}$ 是从 u_i 点到 v_i 点的直线段；$\overset{\frown}{u_i u_{i+1}}$ 是两个连续点 u_i 和 u_{i+1} 之间的封闭圆上的弧，$\circ$ 表示弧的连接，所有加减运算都是模 n。可以证明，顶点 v_i 和 v_j 之间的最小曝光路径是 Γ_{ij} 或 Γ'_{ij} 中的一条曲线，以曝光较少者为准。

接下来，扩展前面两种计算多传感器情况下最小曝光路径的方法。为了简化问题，可以使用 $m \times n$ 网格将问题从连续域转化为可处理的离散域。最小曝光路径被限制为连接网格正方形的任何两个连续顶点的直线段。该方法将网格转化为边缘加权图，并使用 Djikstra 的单源最短路径算法（Single-Source Shortest Path algorithm，SSSP）或 Floyd Warshal 的成对最短路径算法（All Pair Shortest Path algorithm，APSP）计算最小曝光路径。SSSP 算法的复杂度受网格生成过程的控制，其时间复杂度为 $O(n)$，其中 n 为网格点总数；APSP 算法以最短路径计算过程为主，其时间复杂度为 $O(n^3)$。

根据欧拉和拉格朗日定理，G. Veltri 等（2003）基于变分法来寻找单个传感器情况下最小曝光路径的闭合表达式。广义地说，变分法是解决最优化问题的一种方法，它寻找一个函数 Y 使某个积分函数 J 取得极值。变分演算的基本定理陈述了下面的定理：

设 $J_{[y]}$ 是定义在函数集 $y(x)$ 上具有 $J_{[y]} = \int_b^a F(x, y, y') \, \mathrm{d}x$ 形式的函数，其在 $[a, b]$ 范围内具有连续一阶导数；满足边界条件 $y(a) = A$ 和 $y(b) = B$。那么 $J_{[y]}$ 对给定函数 $y(x)$ 有

极值的必要条件是 y（x）满足欧拉-拉格朗日方程：

$$\frac{\partial F}{\partial y} - \frac{\mathrm{d}}{\mathrm{d}x}\left(\frac{\partial F}{\partial y'}\right) = 0 \qquad (3-7)$$

假设传感器在点 p 处的灵敏度为 S（S_i，P）$=1/\mathrm{d}$（S_i，P）（$\gamma=1$，$\lambda=1$），如式 3-1，则任意两个点 A 和 B 之间的最小曝光路径可以用式 3-6 的极坐标形式 ρ（θ）$=a\mathrm{e}^{\{[\ln(b/a)]/c\}\theta}$ 得出，其中常数 a 是传感器 S_i 到 A 的距离，b 是从传感器 S_i 到 B 的距离，c 是如图 3-4a 所示 $\angle ASB$ 的角度。在这种情况下，在经过变换 $x=\rho\cos\theta$ 和 $x=\rho\sin\theta$ 后，函数 F 表示为 $F=$（$1/\rho$）$\sqrt{\rho^2+（\mathrm{d}\rho/\mathrm{d}\theta)^2}$。

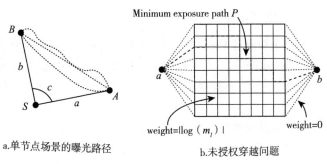

a.单节点场景的曝光路径　　　　　b.未授权穿越问题

图 3-4　变分演算条件下的曝光路径

对于多个传感器，G. Veltri 等（2003）提出了基于网格使用 Voronoi 图的近似算法。在这种方法中，网格点沿着 Voronoi 边放置，并且属于同一 Voronoi 单元的网格点通过一条边连接起来。这种边的权重由两点之间的单传感器最小曝光路径权重确定。每个节点交换一组消息来查找拓扑信息，并在基于 Voronoi 的局部近似算法中使用它来计算最小曝光路径。

除了计算最小曝光路径，未授权穿越（Unauthorized Traversal，UT）问题也是亟须解决的问题，即在感知区域部署了 n 个传感器的情况下，找到一个可以检测到移动目标的概率最小的路径 P。根据第 3.2.3 节所述的覆盖模型，传感器 S 未能在 u 点检测到目标的概

率为 $(1-c_u(S))$。如果一个目标的存在与否是由一组传感器通过数据融合或决策融合做出的，那么可以用 $D(u)$ 代替 $C_u(S)$，其中 $D(u)$ 是使用数据融合或决策融合得到一致目标检测概率。因此，检测不到在路径 P 中移动的目标的净概率 $G(P)$ 由下式给出：

$$G(P) = \prod_{u \in P}(1 - D(u)) \Rightarrow \log G(P) = \sum_{u \in P} \log(1 - D(u))$$

$$(3-8)$$

而 UT 算法中计算最小曝光路径的方法，是将传感器区域划分为一个网格，并假设目标只沿网格移动。那么在这个网格上找到最小曝光路径就是要找一个最小化 $|\log G|$ 的路径 P。考虑两个连续的网格点 v_1 和 v_2，使用 m_l 表示沿直线段 l 在 v_1 和 v_2 之间感知移动目标失败的概率，那么 $\log m_l = \sum_{u \in P} \log(1 - D(u))$。每个线段 l 都分配了一个权重 $|\log m_l|$，两个可选点 a、b 和权重为零的线段从它们添加到网格点（图 3 - 4b）。图 3 - 4b 中的最小曝光路径是找到从 a 到 b 的最小权重路径，该路径可使用 Dijkstra 的最短路径算法进行计算。

3. 3. 1. 2　最大曝光路径：最佳情况覆盖

感知区域中任意两个点 A 和 B 之间的最大曝光路径为式 3 - 4 中的积分所定义的总曝光量最大的路径，它可以解释为具有最佳覆盖度的路径。G. Veltri 等（2003）证明找到最大曝光路径是 NP 难的，因为它相当于在无向加权图中找到最长路径。然而，在目标的速度、路径长度、曝光值和遍历所需时间有约束的条件下，存在多种启发式方法来获得近似最优解。在这些约束条件下，任何能在有效时间内到达目的地的有效路径都包含在一个以起点和终点为焦点的椭圆内。这大大减少了寻找最佳曝光路径的搜索空间。下面本书将描述四种启发式方法。

- 随机路径启发式方法。这是计算次优最大曝光路径的最简单的启发式方法。该方法的规则是，从源 A 到目的地 B 的最短路径上的若干个节点会在某个时刻逐次选中，而在其他时刻选择一个随机节点来创建一个随机路径。由于时间限制，最大曝光路径选择最短路径上的若干个节点，并随机选择其他节点以增加曝光度。这种方法不依赖于网络拓扑结构，且计算复杂度很低。

- 最短路径启发式方法。在这种方法中，首先假设可以利用拓扑知识计算两个端点 A 和 B 之间的最短路径。为了达到最大曝光度，目标必须沿着这条路径以最快速度移动，并在曝光度最高的点停下来。这种方法可能不会计算出一个近似最优解，因为其他有更多曝光度的路径可能不会被遍历到。

- 最佳点启发式方法。这个启发式算法在椭圆上叠加一个网格，然后找到从 A 和 B 到每个网格点的最短路径。然后计算具有共同网格点的两条路径的总曝光度，所得到最大曝光度的路径就是最佳曝光路径。所计算出的最优路径的质量取决于网格的粒度。这种方法的计算复杂度较高。

- 调整的最佳点启发式方法。该方法基于对最佳点启发式算法的改进，考虑由多条最短路径组成的路径，并在最短路径上反复进行一个或多个路径调整，如移动、添加或删除节点，从而找到最优解。

3.3.1.3 最大破坏路径：最坏情况下的覆盖范围

通过前文论述可知，找到最小曝光路径相当于找到一个最坏情况下的覆盖路径，它提供了关于感知区域中节点部署密度的有价值的信息。一个与寻找最坏情况下覆盖路径非常相似的概念是最大破坏路径。感知区域从 A 到 B 的最大破坏路径是对于路径上的任何点 P，从 P 到最近传感器的距离是最大的。Voronoi 图是一种著名的计算几何结构，用于确定感知区域中的最大破坏路径。在二维空间中，一组离散点的 Voronoi 图（也称为站点）将平面划分为一组凸多边形，这种多边形内的所有点都只与一个点最近。在图 3 - 5a 中，10 个随机放置的节点将有界矩形区域划分为 10 个凸多边形，称为 Voronoi 多边形。如果任意两个节点 S_i 和 S_j 的多边形共用一条边，则称它们为彼此的 Voronoi 邻居。节点 S_i 的 Voronoi 多边形的边是连接 S_i 及其 Voronoi 邻居的直线的垂直平分线。

通过这种构造，Voronoi 图中的线段使得其上的点与最近节点的距离最大，因此最大的破坏路径必定沿着 Voronoi 边。如果没有，那么任何其他偏离 Voronoi 边的路径都将更靠近至少一个传感器，从而提供更多的曝光度。由于两个端点 A 和 B 之间的最大破坏路径将沿着 Voronoi 边，须采取以下算法来确定这种路径：首先采用基于地理位置的方法确定节点位置，并根据该信息构造 Voronoi 图，然后通过为 Voronoi 图中的每个顶点创建一个节点和一个对应于每个线段的边来构造一个加权无向图 G。每个边被赋予一个权重，该权重等于距最近传感器的最小距离。然后，该算法使用广度优先搜索（Breadth First Search，BFS）检查 A 到 B 的路径是否存在，然后使用图 G 中最小和最大边权重之间的二分查找来确定最大破坏路径。需要注意的是，最大破坏路径不是唯一的。该算法最坏情况下的时间复杂度是 $O(n^2\log n)$，对于稀疏网络，时间复杂度是 $O(n\log n)$。

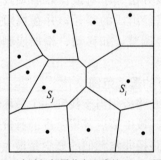

a.10个随机部署节点生成的Voronoi图

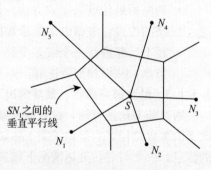

b.节点S生成的Voronoi多边形

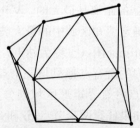

c.同一节点集合生成的Delaunay三角形

图 3-5　最大破坏路径

此外，最大破坏路径算法确定一条路径，使得在任何给定时间内，曝光度不超过它试图最小化的某个特定值。另一方面，最小曝光路径不关注某个特定时间的曝光度，而是尝试最小化在网络中的整个时间内获得的总曝光度。

3.3.1.4 最大支持路径：最佳情况覆盖

感知区域内从 A 到 B 的最大支持路径是对于该路径上的任何点 P，从 P 到最近传感器节点的距离最小。这与最大曝光路径的概念类似。然而，不同之处在于，最大支持路径算法在任何给定的时间瞬间确定一条路径，使得路径上的曝光度不小于应最大化的某个特定值，最大曝光路径不关注任何特定的时间，它考虑的是感知目标移动的所有时间。

如图 3 - 5b 所示，通过将 Voronoi 图替换为其双重 Delaunay 三角剖分，可以找到感知区域中的最大支持路径，其中基础图的边分配的权重等于 Delaunay 三角剖分中相应线段的长度（Delaunay 三角剖分是图顶点的三角剖分，使得每个 Delaunay 三角形的外接圆不包含任何其他顶点）。与前面描述的最大破坏路径方法类似，该算法也使用广度优先搜索检查路径是否存在，并使用二分查找来搜索最大支持路径。该算法的最坏情况复杂度和平均情况复杂度分别为 O ($n^2 \log n$) 和 O ($n \log n$)。

以上所述几种方法是利用曝光度的概念来导出最坏情况和最佳情况下的覆盖路径，以感知敏感区域中的目标。曝光路径也可以用来确定具有极高的目标感知能力的完全覆盖所需的最佳传感器数量（关键节点密度）（S. Adlakha，M. Srivastava，2003）。由于感知任务本质上是概率性的，因此关键节点密度计算方法考虑了传感器节点和目标的性质和特性。考虑式 3 - 4 中描述的基于路径的曝光模型，且目标在距离传感器节点 δ 处以恒定速度直线移动，采用第 3.2.1 节所述的感知概率模型，计算 ($R_s - R_u$) 和 ($R_s + R_u$) 的典型值，称为完全影响半径（用 R_{ci} 表示）和无影响半径（用 R_{ni} 表示）。可以证明，对于典型的曝光阈值 E_{th}，完全影响半径和无影响半径的值可以如下列公式计算得出：

$$E_{th} = \frac{\lambda}{vR_{ci}}\left(\frac{\delta}{\delta + R_{ci}}\right)$$

$$E_{th} = \frac{2\lambda}{vR_{ni}}\tan^{-1}\left(\frac{\delta}{2R_{ni}}\right) \qquad (3-9)$$

为了覆盖一个随机部署的区域 A，需要的节点数量量级是 $O(A/R_{ni}^2)$。

3.3.2　基于传感器部署策略的覆盖

解决覆盖问题的第二种方法是寻求传感器部署策略，以最大限度地扩大覆盖范围，同时保持一个连通的网络图。为了实现最优的传感器网络体系结构，本书研究了几种部署策略，以保证成本最小化、提供高感知覆盖度、对随机节点故障具有弹性等。在某些应用中，节点的位置可以预先确定，因此可以使用移动机器人手动放置或部署，而在其他情况下，则需要使用随机部署方法，例如从飞机上喷洒节点。然而，随机布局并不能保证完全覆盖，因此通常会导致感知区域中某些区域的节点较多，而其他区域则没有节点。一些部署算法尝试在初始随机放置之后找到新的最佳传感器位置，并将传感器移动到这些位置，从而实现最大覆盖，这些算法只适用于移动传感器网络。在混合传感器网络中，其中一些节点是移动的，有些是静态的；在初始部署后检测覆盖漏洞，并通过移动传感器来修复或消除这些漏洞。需要注意的是，最佳的部署策略不仅应该产生一个能够提供充分覆盖的配置，而且应该满足某些约束条件，如节点连接和网络连接。如引言所述，传感器部署问题与计算几何中的传统美术馆问题（AGP）有关。AGP 寻求确定可以放置在多边形环境中的摄像机的最小数量，以便监视整个环境。类似地，最优部署策略试图将节点部署在最佳位置，从而使传感器覆盖的区域最大化。

3.4　瓶颈节点

由于特定的工作方式，在绝大多数应用中，无线传感器网络中的节点是由不可再生的电池供电的，并且以无人值守的方式工作。因此，无线传感器网络的首要性能指标是其工作寿命。而它的工作寿命是由节点的能量供应水平和消耗能量的速度共同决定的。如果由于一些节点消耗完能量后不能工作，因而造成基站（或者用户）不能够得到目标区域的数据，我们就说这个网络已经死亡，并且它的死亡是由那些消耗完能量的节点决定的，那些节点的寿命就是整个网络的寿命。

但是，在一个随机部署的无线传感器网络中，节点的重要性是不一样的。总存在一些节点由于部署的原因而成为连接两片区域的孤立的节点。这些节点独自转发两个区域之间的数据流，并且没有邻居节点的支援。如果这些节点死亡，就会造成整个网络的割裂。同时，如果基站和目标区域正好处于被割裂的不同区域内的话，就会使基站再也不能接收到来自目标区域的任何信息，因而造成网络的死亡。这些节点被称为瓶颈节点。如果定义网络的寿命为可正常接收到目标区域数据的时间，那么这些节点的寿命就决定了整个网络的寿命。

在图 3-6 中，那些被椭圆包围起来的节点就是瓶颈节点。如果它们死亡，整个网络就会被分割成三个部分；如果基站和目标区域位于不同的区域，网络就会死亡。

如何找到瓶颈节点，在图论中，是如何找到最小割集的问题。如果基站或者网络中的任何一个节点可以得到整个网络的拓扑信息的话，那么它可以用 Karger 和 Stein 提出的 MINCUT 算法来找出瓶颈节点。但是，在一个实际部署的网络中，得到整个网络的拓扑信息是一项非常困难、开销巨大甚至不可能完成的任务。

本书提出一种新的算法来找瓶颈节点。这种算法具有简单、分布式、可扩展的特点，不需要获得整个网络的拓扑信息。通过这种算法找出的节点，称之为准瓶颈节点。像瓶颈节点一样，它们具有对网络类似的影响。

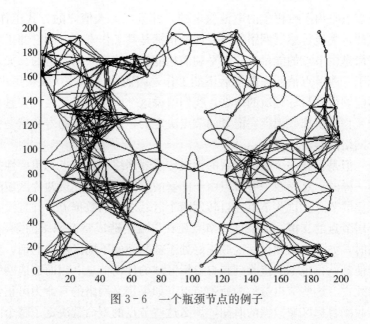

图 3-6 一个瓶颈节点的例子

3.4.1 相关工作

瓶颈节点在因特网中是一个被广泛研究的内容，但因特网中的瓶颈节点是从网络带宽和服务质量的角度出发，指网络中发生流量拥塞和数据包丢弃现象的节点。这类研究的重点是考虑通过流量工程或分组调度以及分组丢弃策略等算法，减轻网络拥塞对用户服务质量的影响。而无线传感器网络中，瓶颈节点更多的是指那些能量成为瓶颈的节点，这类节点由于大量转发源节点产生的需要传递到sink 的数据，造成节点能量的急剧消耗，从而限制了网络的工作寿命，对无线传感器网络的应用有着巨大的影响。由于瓶颈节点的定义不同，传统网络发现瓶颈节点的算法并不能直接应用在无线传感器网络领域中。

由于无线传感器网络主要以无人值守的方式工作，节点的能源供应通常由不可充电的电池完成，因此网络的工作寿命是衡量传感器网络性能的一个重要指标。大量研究指出，网络的工作寿命很大程度上由节点的能量消耗水平决定，节点的死亡也就决定了网络生命的终结。目前并没有无线传感器网络工作寿命的统一定义标准。有人将网络工作寿命定义为第一个节点死亡的时间，有人定义为一定比例节点死亡的时间，而 Kalpakis 等（2003）定义网络的寿命为在一个随机部署的网络中，基站可以从网络中所有节点接收到数据的时间。这些关于网络寿命的定义中，单个节点的死亡意味着网络整体死亡的定义显得过于悲观，因为大部分无线传感器网络在部署时会采取冗余部署的方式来确保网络的连通和覆盖，单个节点的失效并不一定引起网络失去数据产生和收集能力。而一定百分比节点死亡的定义也不能反映网络实际的工作寿命，因为网络中不同区域、不同工作状态的节点具有不同的重要性，单纯以节点死亡的百分比来衡量网络寿命不能如实反映出这种重要性的差别。

无线传感器网络工作寿命是一个与应用相关的灵活的概念。Kewei Sha 和 Weisong Shi（2005）提出了无线传感器网络剩余寿命（Remaining Lifetime of Wireless Sensor Network，RLSN）的概念，RLSN 是由单个传感器节点的剩余寿命（Remaining Lifetime of Individual Sensors，RLIS）的权值求总得出的，在此基础上，给出了适用于三种应用的无线传感器网络工作寿命的定义：主动查询、事件驱动和被动监测。对于主动查询应用，网络工作寿命可以定义为传感器网络死亡前可以处理的最大查询数；对于事件驱动应用，网络工作寿命可以定义为网络死亡前可以处理的最大发生事件数；对于被动检测应用，网络工作寿命可以定义为网络死亡前的总的时隙数。网络的死亡定义为 RLSN 已经低于某一预先设定的阈值，这意味着网络可能已经失去了连通性或一定的覆盖度，因此网络变得不再可用。这种无线传感器网络工作寿命的定义方法仍然是以活动节点的比例来表示，并不能真实反映网络工作状态。由于无线传感器网络是一个与应用紧密相关的，以接收监测数据为目的的网络，本书认为，无线传感器网络的工作寿命应该以其有效接收物理数据的时间来定义。

关于网络能量消耗模型和网络寿命分析，Heinzelman 等（2000）提出了一个通用的传感器节点通信模块的能量消耗模型，其中考虑了多跳通信和直接通信机制，并且比较分析了直接通信、多跳通信和基于簇的数据采集通信三种通信模式。网络的工作寿命取决于节点的能源消耗率，而能源消耗率取决于节点发送的数据包的数量。Bhardwaj 和 Chandrakasan（2002）研究了考虑到网络拓扑和数据汇聚后的网络工作寿命的上限问题，提出节点角色分配问题，指出每个工作节点可以充当以下三种角色之一：检测并产生数据、转发数据、数据汇聚，并研究了如何根据网络的拓扑分配不同节点不同的角色，从而使网络工作寿命达到最大化。这些工作没有考虑到由于节点和 sink 之间的相对关系，从而造成节点在数据采集和传输中的不同重要性的问题。在节点对网络的不同重要性方面，Jae - Joon Lee 等（2004）研究了节点在网络中不同的能量消耗速率，并且发现在一个以基站为根的数据采集树中，层次越高的节点能量消耗速率越高。但在本书的研究中，这个结论并不总是正确的，那些连接多个区域的瓶颈节点，即使在树中的层次较低，它的能量消耗速率也会很高。

3.4.2　准瓶颈节点及其影响

本节首先给出准瓶颈节点的定义，然后分析一个节点成为准瓶颈节点的概率，最后给出节点对网络影响的仿真结果。从数学分析和仿真实验可以看出，准瓶颈节点对网络的性能有很大的影响。

3.4.2.1　准瓶颈节点的定义和概率分析

通过观察发现，几乎所有的瓶颈节点都有一个共同特点，那就是它们的邻居节点可以分为多个不相交的节点集，这些不同节点集中的节点需要互相通信时，只能通过该瓶颈节点的中继。因此，本章根据这个特点去寻找这类和瓶颈节点类似的节点，并称其为准瓶颈节点。

假设传感器网络由相同的节点组成，这些节点具有相同的传输半径、相同的运算能力和相同的能量供应水平。另外假设两个节点，当它们互相位于对方的传输半径之内时，它们就可以建立一条直接互连的链路。

设节点的传输半径为 R，则一个节点的邻居集指那些在二维平面上与该节点的距离小于 R 的所有节点的集合。

对节点 O 来说，若用 $Nr(O)$ 表示它的邻居集，则

$$Nr(O) = \{u \mid distance(u,O) < R\}$$

假设一个节点是准瓶颈节点，当且仅当这个节点的邻居集可以划分成两个或者多个不相交的非空集合，并且任一集合中的任一节点不属于其他集合中的任一节点的邻居集时。

分析一个节点成为准瓶颈节点的概率，首先假设网络的部署是随机的，节点的密度服从均匀分布。则：

设节点 O 有 N 个邻居，则该节点成为准瓶颈节点的概率 p^{qBN} 为：

$$p^{qBN} = \sum_{n=1}^{N-1} \left\{ \binom{N}{n} \left[1 - \frac{\bigcup_{i=1}^{n} A_i}{A} \right]^{N-n} \left[\frac{\bigcup_{i=1}^{n} A_i}{A} \right]^{n} \right\} \quad (3-10)$$

式中，A 表示节点 O 的覆盖区域，A_i 表示 O 的第 i 个邻居所覆盖的区域和 A 的交集。

因为节点的部署相互独立并且服从均匀分布，不失一般性，假设从第一个节点到第 i 个节点属于集合 S_1，从第 $i+1$ 到第 N 个节点属于集合 S_2，则集合 S_1 中节点的覆盖区域和 A 的交为 $A^{region1} = \bigcup_{1}^{n} A_i$，集合 S_2 中节点的覆盖区域为 $A^{region2} = A - \bigcup_{2}^{n} A_i$，根据二项式分布的规律，得到式 3-10。

为了进一步推导出 p^{qBN} 表达式，本书先得出下述引理。

节点 N_i 为节点 O 的邻居，在一个以 O 为原点的随机选取的坐标系中，N_i 的 X 轴上的坐标 $x < r$ 的概率为：

$$p_r = p\{x < r\} = 1 - \frac{1}{\pi} \arccos \frac{r}{R} + \frac{r \sqrt{R^2 - r^2}}{\pi R^2} \quad (-R < r < R)$$

$$(3-11)$$

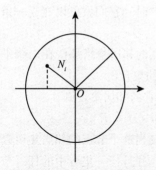 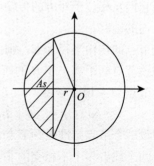

图 3-7　节点 O 的邻居 N_i　　图 3-8　节点 O 的邻居 N_i 的位置示意图

如图 3-8 所示，若节点 N_i 的 x 坐标小于 r，则它必须位于用斜线表示的区域 A_s 内，所以 $x<r$ 的概率为 A_s/A，A_s 的面积为 $A_s=\pi R^2-R^2\arccos\dfrac{r}{R}+r\sqrt{R^2-r^2}$，所以 $x<r$ 的概率为 $p_r=p\{x<r\}=1-\dfrac{1}{\pi}\arccos\dfrac{r}{R}+\dfrac{r\sqrt{R^2-r^2}}{\pi R^2}$ $(-R<r<R)$，结果得证。

若用 $\boldsymbol{P}_1$ 表示集合 $\boldsymbol{S}_1$ 在 x 轴上的投影的点集合，用 $\boldsymbol{P}_2$ 表示 $\boldsymbol{S}_2$ 在 x 轴上的投影的点集合。那么，$\boldsymbol{P}_1$ 和 $\boldsymbol{P}_2$ 的距离为 $|x_{\boldsymbol{P}_1}-x_{\boldsymbol{P}_2}|$。其中：$x_{\boldsymbol{P}_1}$ 表示 $\boldsymbol{P}_1$ 中离原点 O 最近的点的 x 坐标，$x_{\boldsymbol{P}_2}$ 表示 $\boldsymbol{P}_2$ 中离原点 O 最近的点的 x 坐标。

对于一个给定的 r $(-R<r<R)$，点集合 $\boldsymbol{P}_1$ 和 $\boldsymbol{P}_2$ 的距离大于 R 的概率为：

$$\boldsymbol{P}_b=(\boldsymbol{P}_1+\boldsymbol{P}_2)^N-\boldsymbol{P}_1^N-\boldsymbol{P}_2^N \tag{3-12}$$

其中

$$\begin{cases}\boldsymbol{P}_1=\dfrac{1}{\pi}\arccos\dfrac{r}{R}-\dfrac{r}{\pi R^2}\sqrt{R^2-r^2}\\[2mm]\boldsymbol{P}_2=\dfrac{1}{\pi}\arccos\dfrac{R-r}{R}-\dfrac{R-r}{\pi R^2}\sqrt{2Rr-r^2}\end{cases}\quad 0<r<R,$$

$$\begin{cases}\boldsymbol{P}_1=\dfrac{1}{\pi}\arccos\dfrac{-r}{R}+\dfrac{r}{\pi R^2}\sqrt{R^2-r^2}\\[2mm]\boldsymbol{P}_2=\dfrac{1}{\pi}\arccos\dfrac{R+r}{R}-\dfrac{R+r}{\pi R^2}\sqrt{2Rr-r^2}\end{cases}\quad -R<r<0$$

　　如图 3-9 所示，为了保证 P_1 和 P_2 的距离大于 R，集合 S_1 中的节点需位于区域 A_1，S_2 中的节点位于区域 A_2。A_1 的面积为 $R^2\arccos\dfrac{r}{R}-r\sqrt{R^2-r^2}$，$A_2$ 的面积为 $R^2\arccos\dfrac{R-r}{R}-(R-r)\sqrt{2Rr-r^2}$。由于节点服从均匀分布，所以一个节点位于 A_1 的概率 $P_1=A_1/A$，位于 A_2 的概率 $P_2=A_2/A$。又因为节点的分布是相互独立的，所以给定 N 个节点，节点分别位于区域 A_1 和 A_2 的概率为：$P_b=\displaystyle\sum_{n=1}^{N-1}\binom{N}{n}\boldsymbol{P}_1^n\boldsymbol{P}_2^{N-n}=(\boldsymbol{P}_1+\boldsymbol{P}_2)^N-\boldsymbol{P}_1^N-\boldsymbol{P}_2^N$。$-R<r<0$ 的证明与此类似。

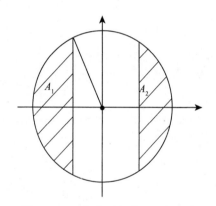

图 3-9　两集合距离大于 R 的概率

　　当 $N\rightarrow\infty$ 时，

$$\lim_{N\rightarrow\infty}E(p^{qBN})=2\pi\int_{-R}^{R}P_b\mathrm{d}P_r \tag{3-13}$$

在图 3-10 中，由于坐标系方向的选择是随机的，所以坐标系的方向在 $(0,2\pi)$ 服从均匀分布。因此在二维平面中，两集合间距离大于 R 的概率为 $2\pi P_b$，当 N 趋于无穷时，两条虚线上的节点也将趋于无穷。因此，区域 A_1 趋于 A_1'，A_2 趋于 A_2'。

　　如图 3-11 所示是一个节点为准瓶颈节点的概率曲线。从图中可以看出：即使一个节点有 10 个左右的邻居，它仍有很大的可能

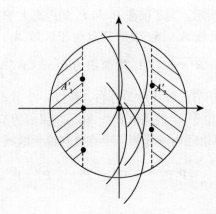

图 3-10 $N \to \infty$ 时两集合距离大于 R 的概率

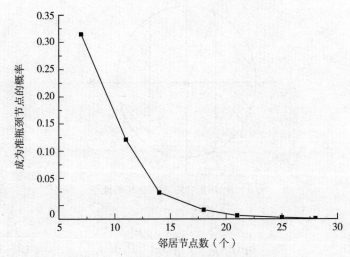

图 3-11 节点成为准瓶颈节点的概率曲线

成为准瓶颈节点。因此,研究准瓶颈节点对网络的影响是值得的。

3.4.2.2 准瓶颈节点对网络的影响

本节将给出准瓶颈节点对网络影响的仿真结果。仿真器采用广泛使用的 NS2,对比的对象包括准瓶颈节点、一般转发节点和基站的邻居节点。通过仿真可以看到,准瓶颈节点具有比其他节点更快的能量消耗速度。

　　设计仿真场景如下：150 个节点随机均匀地部署在一块 200m×200m 的区域内，每个节点的传输半径为 30m。接收一个字节消耗 $400\mu J$，发送一个字节消耗 $720\mu J$。仿真中假设基站位于网络的右上角，而源节点位于网络中心 20m×20m 的区域内。为了快捷地得到结果并且不影响仿真的分析，节点的初始能量假设为 5.4J。为了消除分组碰撞和缓冲区溢出的影响，假设网络处在轻负载模式下，源节点每 4s 发送一个数据包。

　　选择合适的网络层协议对仿真有着重大的影响。在本书的仿真中，选择了一个简化了的广为使用的定向扩散协议（A. Perrig et al.，2001）。节点的梯度由节点到基站的跳数来决定。每个中间转发节点维护一个梯度表，存贮着梯度比它小的所有邻居节点的信息。当一个数据包到来时，该节点随机地从表格中选择一个上游节点，然后把数据包转发给它。这样做是为了尽量在网络中分摊能量消耗，防止一个特定的节点因为不停地转发数据而消耗完能量，从而延长网络寿命。基站维护一个定时器，每收到一个数据包时就把这个定时器复位。若定时器期满后还没有收到数据包，基站就重新发送请求，网络中的所有节点重新计算自己的梯度。在本书的仿真中定时器设为 10s。若基站发送了几次请求后（在仿真中是 4 次）仍没有收到任何信息，该网络就被认为已经死亡。

　　从图 3 - 12 可以看出，基站的邻居节点并不是消耗能量最快的节点，准瓶颈节点的能量消耗速度是基站邻居节点的 2 倍左右，是普通转发节点的 3 倍左右。这是因为网络中的准瓶颈节点数量总是小于其他两种类型的节点，大量数据通过准瓶颈节点进行转发，增加了每个节点平均的能量消耗，因此，准瓶颈节点对网络具有更大的影响。

　　网络死亡后三类节点的剩余能量水平同样说明了这个问题。从图 3 - 13 中可以看出，当网络死亡时，准瓶颈节点的剩余能量为零，而基站的邻居节点和普通转发节点平均还有 1.0～1.6J 的剩余能量。由此可以得出，准瓶颈节点决定了网络的寿命。

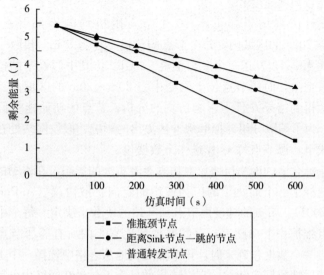

图 3-12 节点能量消耗速率

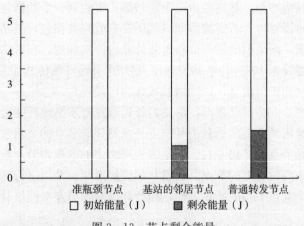

图 3-13 节点剩余能量

　　本书同时也考虑了数据包丢失的情况。如图 3-14 所示是分组丢失的情况。可以看出，开始的时候数据包的丢失数目为零，当仿真时间第 661 秒第一个准瓶颈节点死亡时，有 10 个数据包丢失，然后一直到仿真时间第 1 085 秒第二个准瓶颈节点死亡之前，都没有分组的丢失，但是第二个准瓶颈节点的死亡又造成了另外 10 个分组的丢失。因此，准瓶颈节点不仅对网络的寿命有着巨大的影响，而且对分组的正确传递也起着巨大的作用。

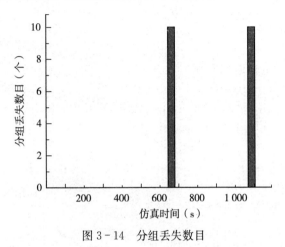

图 3-14　分组丢失数目

3.4.3　寻找准瓶颈节点并消除其不利影响

由于准瓶颈节点对网络的巨大影响，在本节中，首先提出一种分布式的算法来发现这种节点，然后提出两种思路来消除它们的不利作用。

3.4.3.1　算法的提出

本书提出以下算法来判断某个节点是否为准瓶颈节点。这个算法具有分布式、易实现的特点。算法分为 3 个阶段：邻居发现阶段、连接信息交换阶段和自判断阶段。整个算法的描述如下：

在邻居发现阶段：当网络部署完毕后，每个节点通过发送"HELLO"探测包来通知获得邻居信息；在连接信息交换阶段：当节点获得邻居信息后，它和自己的每个邻居交换连接信息；在自判断阶段：获得邻居节点的连接信息后，每个节点现在知道自己两跳距离内的拓扑情况。这时，它就可以运行下面的算法来判断自己是否为准瓶颈节点。

整个算法的伪代码如下所示：

```
Put all neighbors into set S2;
Choose a neighbor randomly, remove it from set S2, put it into set S1;
For neighbor i in S2
Begin
    For neighbor j in S1
    Begin
        If i is j's neighbor, then put i into set S1; Remove i from set S2;
        Else nothing happens;
    End
End
If ( set S2 is empty) then
    I am not a "quasi - Bottleneck Node";
Else
    I am a quasi - Bottleneck Node.
```

假设每个节点的平均邻居数为 d，则该算法的复杂度为 $O(d^3)$。

许多路由协议和分簇协议要求节点在运行路由或分簇算法时，知道邻居节点的详细信息。因此，算法的前两个阶段所需要的"HELLO"包和连接信息包可以在路由或分簇时通过捎带的方式发送，算法的额外能量开销只集中在第三阶段的算法执行上。由于传感器节点执行指令的能耗要大大小于传输数据所需的能耗，因此，算法并不会给节点带来很大的负担。

为了消除准瓶颈节点对网络的不利影响，本书提出以下两种思路来解决这个问题。

3.4.3.2 在准瓶颈节点之前完成数据聚集

既然准瓶颈节点的主要能量消耗是用于数据的转发，那么自然的办法就是减少该种节点数据转发的数量。要达到这个目的，数据聚集是一个可行的选择。在无线传感器网络中，数据聚集已经得到了人们广泛和深入的研究，不论理论分析还是仿真试验都证明了它是一种可以减少网络中数据流量、延长网络寿命的有效技术。

Jae - Joon Lee 等（2004）详细论述了数据聚集对网络的影响。用 $N_i^d(t)$ 表示节点 i 有数据需要发送的后代的数目，$N_i^c(t)$ 表示后代有数据需要发送的孩子的数目，c 表示每个数据包的平均位数，则可以得到下述公式：

$$b_i^R(t) = \begin{cases} cN_i^c(t), & \text{有数据聚集} \\ cN_i^d(t), & \text{没有数据聚集} \end{cases} \quad (3-14)$$

$$b_i^T(t) = \begin{cases} c, & \text{有数据聚集} \\ c(N_i^d(t)+1), & \text{没有数据聚集} \end{cases} \quad (3-15)$$

式中，$b_i^R(t)$ 表示节点 i 接收到的数据位数总和，而 $b_i^T(t)$ 表示节点 i 发送的数据位数的总和。通过式 3-14、式 3-15 可以看出，数据聚集可以大幅降低节点需要接收和发送数据的数量。

当网络中某一个准瓶颈节点发现自己位于一条数据转发路径上时，它可以通过向子节点发送一个"HELLO"包来通知该子节点自己的信息。该子节点认识到它的父节点是一个准瓶颈节点以后，就会采用缓冲数据并聚集的方法来减轻父节点的负担，延长父节点的寿命。

不同的数据汇聚比率会不同程度地减轻准瓶颈节点的能量消耗，数据汇聚比率主要由传感器节点所产生数据的相关性来决定。图 3-15 是采取不同的数据汇聚比率时准瓶颈节点的能量消耗速度，其中 1 代表不汇聚数据。可以看出，采取数据汇聚措施后，准瓶颈节点的能量消耗速度大大降低。但是能量消耗的降低是以时延的增加为代价的，在仿真中，假设准瓶颈节点的子节点以 6s 为周期来汇聚数据，平均将会给每个数据包带来 1.5s 的额外时延。

3.4.3.3 移动一个节点到准瓶颈节点附近作为备份

准瓶颈节点之所以必须转发大量的数据包，是因为在它的周围

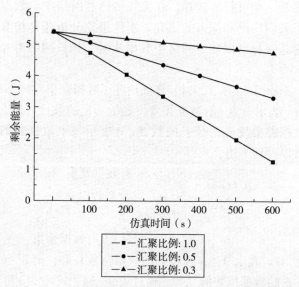

图 3-15 不同数据汇聚比率时准瓶颈节点的能量消耗

没有别的节点可以分担它的负载。因此，一个很自然的想法就是如果可以移动一个节点到它的附近，分担一部分它的工作，使它有时间得到休息，那么就可以延长这个准瓶颈节点的寿命。

可移动的节点可以解决这个问题。Robomote（Gabe T. Sibley et al.，2002）就是这么一种节点。Robomote 是由南加州大学开发的一种和加州大学伯克利分校的 Mote 兼容的传感器节点，同样运行 TinyOS 操作系统。Robomote 使用两个直流马达达到可以移动的目的，每个马达的工作电压是 6V，输出功率是 1.41W。Robomote 的体积不大于 0.000 047m³，售价低于 150 美元。

Guiling Wang 等（2005）详细讨论了如何在无线传感器网络中移动一个节点。通常节点有两种移动方法：直接移动和梯次移动。直接移动就是当可移动节点收到移动命令后，从当前所处位置直接移动到目的区域的过程，这种移动方法不需要网络中的每个节点都具有可移动性，但是单个节点移动距离很长时，会非常消耗节点的能量。而梯次移动则是在可移动节点收到移动命令后，首先获得这条移动路径上的节点信息,然后通过一定的算法得出一个最优的移动方案,最后这条路径上被选中的节点全部移动一个较短距离的过程。这种算法需要网络中的每个节点都具有可移动性,增加额外的网络成本,但是由于每个节点都移动相对较短的距离,可以降低单个节点移动所需的能量消耗。

当一个准瓶颈节点需要一个节点来分担自己的负担时,它可以在全网内广播一个"HELP"信息来寻求可移动节点的帮助。可移动节点的移动策略可以参考上述的两种方法,具体的实施要视网络节点的部署情况而定。某一个没有工作任务的可移动节点接收到"HELP"信息后,就会移动到该准瓶颈节点的周围,负担一部分该节点的工作负载。

图 3-16 是移动一个节点作为准瓶颈节点的支援节点后的能量消耗情况。可以看出,准瓶颈节点的能量消耗减少了一半左右。理论上,移动来 n 个支援节点以后,准瓶颈节点的能耗会是原来的 $1/(n+1)$。

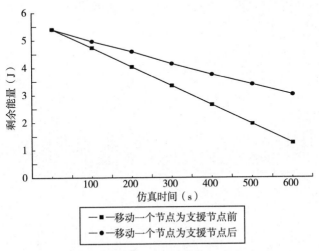

图 3-16 移动一个节点前后准瓶颈节点的能量消耗

3.5 本章小结

　　本章介绍了无线传感器网络覆盖度和连通度的概念。覆盖度是衡量传感器网络对感知区域监控能力的重要参数，只有提供足够高的覆盖度，网络才能保证可以监控到事件的发生，保证应用的正常开展。连通度衡量了无线传感器网络的组网能力，连通度高了，网络才能把感知到的数据安全及时地传递给最终用户。同时，本章提出了瓶颈节点的概念，提出了瓶颈节点的发现算法和规避策略，以通过消除该类节点达到延长网络工作寿命的目的。

4 无线传感器网络的分簇

4.1 概述

为了更好地组织无线传感器网络，尤其是节点数量众多的大规模无线传感器网络，常采用将无线传感器网络分簇管理的方法。在传感器网络中，将传感器节点分组到一个集合中称为分簇，每个簇都有一个簇头负责本簇内节点的管理。簇头可以在部署时预先确定，也可部署后由所有节点随机选举得出，簇头从簇内的节点收集数据并传输到目的地（基站）。为了更有效率地实现分簇，节省网络能量开销，研究人员提出了许多分簇算法。

常见的分簇算法有集中式和分布式两种。在分布式分簇算法中，每个传感器节点独立运行分簇协议，随机推举簇头节点。在集中式分簇算法中，一个中心节点将所有节点分成簇，并指定某些节点成为所在簇的簇头。当然，有时也可以混合采用两种算法的方案。

对于分簇算法，需要考虑的簇的特征值有：

- 簇的数量：簇的数量是一轮分簇过程结束后形成的簇数。分簇数量越多，则每个簇的分布越小，能耗越高。在一些分簇算法中，簇头的选择是从已部署的传感器节点中预先分配好的，那么簇的数量是固定的；有的分簇算法簇头可以随机选择，从而导致簇的数目可变。
- 簇的大小：簇的大小指簇头与成员节点之间的最大路径长度。小型的分簇可以使传输距离和簇头负载最小化，在能耗方面表现得更好。在一些分簇算法中，簇的大小是固定不变的，大部分分簇算法都能够动态调整分簇的大小。

- 簇密度：簇密度是指簇内节点数目与该簇所覆盖面积的比例。对于密度较大的簇，如何减少簇头节点的能耗是一个巨大的挑战和研究热点。如果簇密度较小，或者簇内节点较为稀疏，可以固定簇头节点的选择，大部分分簇算法可以动态调整簇密度和簇头节点。

- 簇头选择开销：簇头选择开销指在分簇算法执行过程中，为了选择簇头而需要传输的信息数量。簇头选择开销越大，表明为了选举簇头而需要传输的信息数量越多，能耗越大。

- 稳定性：如果一个簇的成员不是固定的，则称分簇算法是自适应的；否则，则称分簇算法是固定的。固定的分簇算法可以增加传感器网络的稳定性。

- 簇内拓扑：表示簇内通信为直接通信还是多跳通信。直接通信指簇内节点间或节点到簇头可以直接互相通信，多跳通信则指簇内节点间或到簇头通信需要通过多跳才能完成的通信。簇内拓扑取决于分簇算法形成的簇的大小和节点通信半径。节点通信半径也限制了簇的大小和数量。

- 簇头间连通性：表示传感器节点/簇头与 Sink 节点或基站的通信能力。如果簇头不具有长距离通信能力，则分簇算法必须设计某种路由策略，保证簇头可以通过多跳的方式与 Sink 节点通信。

分簇算法选举出的簇头在很大程度上决定了网络的稳定性和生命周期，因此，衡量簇头能力的参数有：

- 节点类型：在部署节点时，可以根据节点具有的能源、通信和计算资源的多少，预先定义一些节点为簇头节点。

- 移动性：某种情况下可以根据节点是否具有移动性决定谁充当簇头。簇头的移动可以平衡簇内节点的能量消耗，保持对移动目标的跟踪，有利于提高网络的稳定性。

- 角色：在传感器网络中，簇头可以充当簇内节点产生信息的中继或执行数据的汇聚和融合任务。

簇头可以根据预先分配的方案产生，或者从部署的节点中随机选取。

- 基于概率的分簇算法中，每个传感器节点根据预先分配的概率来确定初始簇头。
- 在基于非概率的分簇算法中，主要依据部署后的网络拓扑状态、节点能力、节点密度等参数决定哪个节点充当簇头。

在簇的形成过程中，簇头会广播分簇信息到自己的邻居节点，单跳节点直接向簇头发送信息，表明自己加入该簇，多跳节点通过相邻节点向簇头发送加入该簇的数据。

4.2 常见分簇算法

针对无线传感器网络的分簇算法有多种分类方法，大部分分簇算法都是根据簇头选择过程来区分的。

4.2.1 基于概率（随机或加权）的分簇算法

在基于概率的分簇算法中，每个传感器节点依据预先分配的概率随机被选为簇头或普通节点（Yan Zhang et al.，2010）。通常选择簇头的主要依据是初始分配给每个节点的概率，然而，在簇头选择过程中，也可以考虑其他次要因素，如节点剩余能量、初始能量、平均消耗能量等。除了能耗效率较高外，这类分簇算法通常收敛更快，互相交换信息更少。

4.2.2 非概率分簇算法

非概率分簇算法一般基于传感器节点的临近关系、连通性、位置、地理位置和部署密度等，也依赖于从其他临近节点接收到的信息。这种类型的算法通常需要更多的消息交换，并且在某种程度上可能需要遍历整个拓扑结构，因此这种算法的时间复杂度通常比基于概率或随机分簇算法更高。另一方面，这种算法在网络鲁棒性和节点能耗均衡性方面通常表现更好。除了节点临近关系外，还可以使用如剩余能量、传输功率和移动性（形成相应的组合权重）等指标的组合来实现更复杂和可靠的分簇算法。

4.2.3 常见的基于概率的分簇算法

（1）无线传感器网络高能效通信协议（LEACH）。LEACH 是 W. R. Heinzelman 等在 2000 年提出的第一个著名的无线传感器网络分簇协议。该算法将传感器组织成簇，随机选取几个节点作为簇头，簇头由节点轮流担任，平衡网络中节点的能耗，每轮选举周期每个节点都有一定的概率成为簇头。LEACH 是一种分布式算法，每轮选举簇头和簇的个数都不是固定的。每轮选举中，每个节点可以通过选择一个随机数来推举自己为簇头，由于随机数产生的随机性，每轮选举簇头选举结果可能不同，所以每一轮的簇数和簇头都是不同的。

（2）针对特定应用的无线传感器网络协议架构（LEACH - C）。LEACH - C 由 W. B. Heinzelman 等人在 2002 年提出，是 LEACH 协议的一种改进协议。该协议采用集中式的计算模式，将节点的位置和剩余能量信息传送给基站。基站决定簇头的选择和簇的形成。在该协议中，簇头的选择是随机的，簇头的数目是有限的。基站确定剩余能量较少的节点不能成为簇头。该协议不适用于大规模网络，因为从基站到较远的节点间信息传输会存在问题。簇头角色也是由节点轮流担任，所以簇头信息不能在选举过程结束后立刻发送，这反过来增加了时延和延迟。

（3）异构无线传感器网络分簇协议（SEP）。Georgios S. 等人在 2004 年提出了一种异构无线传感器网络（SEP）的分簇协议。该协议对 LEACH 协议进行了扩展，考虑了网络节点异构性的因素，即网络中节点能力不同。协议中假设网络存在两种节点，普通节点和高级节点，高级节点比普通节点具有更多的剩余能源水平、更强的数据处理能力和更强大的通信能力。该协议在每一轮簇头选举时不需要全网剩余能量信息，每个节点基于自己的剩余能量加权计算推举自己成为簇头的概率，因此该算法的簇数和簇头数量也是可变的。

（4）混合节能分布式分簇算法（HEED）。O. Younis 等人于 2004 年对 LEACH 协议进行了改进，提出了混合节能分布式分簇算法（HEED）。该算法将剩余能量、节点连通度或密度作为簇形成的主要参数，以实现能耗均衡。该协议有以下主要优点：一是通过均衡能耗来提高网络寿命；二是算法在固定的迭代次数内终止，收敛较快；三是最小化信息包的头部，进一步减少能耗；四是簇头均匀分布。该算法根据两个基本参数周期性地选择簇头：一是每个节点的剩余能量；二是基于簇密度或节点连通度计算得出的簇内通信量。

（5）无线传感器网络的分布式分层分簇节能算法（DWEHC）。DWEHC 是由 P. Ding 等人在 2005 年提出的一种基于权值的能量高效的分层分簇协议，该协议通过生成均衡的簇大小和优化簇内拓扑结构来达到高效节能的目的。每个传感器节点在找到其区域内的相邻节点后计算其权重。权重是传感器剩余能量和邻居节点数目的函数。簇头选举时，选择权重最大的节点作为簇头，其余节点成为成员。

（6）异构无线传感器网络的分布式高能效分簇算法（DEEC）。L. Qing 等（2006）提出了一种适用于异构 WSN 的分布式多级分簇算法。算法根据每个节点的剩余能量与网络平均能量的比值来选择簇头。节点的初始能量和剩余能量不同，其成为簇头的概率也不同。作者假设传感器网络的所有节点都具有不同的能量。该算法考虑了两层异构节点，并在此基础上得到了多级异构的一般解。为了避免每个节点都需要知道网络的全局信息，DEEC 估计了网络生命周期的理想值，以此计算每一个节点在一次循环中应该消耗的参考能量。

（7）适用于异构无线传感器网络的分布式能量均衡分簇算法（DEBC）。Changmin D. 在 2007 年提出了一种适用于异构无线传感器网络的分布式能量均衡分簇算法。簇头的选择依赖于节点剩余能量与网络平均能量的比值。初始能量和剩余能量高的节点比能量低的节点更有可能成为簇头。该协议通过考虑两层异构性对 LEACH 和 SEP 协议进行了改进，并扩展到多层异构无线传感器网络。

（8）无线传感器网络中不均衡的基于分簇的路由协议（UCR）。Guihai Chen 等在 2007 年提出了一种针对无线传感器网络的不均衡基于分簇的路由协议，试图解决网络热点监视问题。它是为数据源驱动的传感器网络应用，如从环境中周期性采集检测数据而设计的路由协议。它是一种基于竞争的自组织算法，根据以相邻节点剩余能量为代表的本地信息选择簇头。越靠近基站簇头所在的簇越小，因此簇头在簇内数据处理过程中消耗的能量更低，可以为簇间通信提供更多的能量。

（9）异构无线传感器网络（C4SD）基于分簇的服务发现协议（C4SD）。R. S. Marin 等人在 2007 年提出了异构无线传感器网络基于分簇的服务发现协议，在这个协议中，每个节点被分配一个唯一的硬件标识符和权重。任何节点如果具有更高的能力，如剩余能耗、通信能力、计算能力等，则必须成为簇头节点，这些簇头节点充当簇中其他节点的服务注册机构，因此网络访问时只需要访问这些簇头节点即可。这种结构仅根据 1 跳内邻居信息即可对传感器网络拓扑变化做出快速反应，拓扑维护成本较低，避免了网络内信息的洪泛。

（10）改进型 LEACH 协议。Chong Wang 等人在 2009 年提出了一种针对特定应用的改进型 LEACH 协议。该协议通过将大簇分解为小簇的方法来节省冗余节点引起的能量消耗，平衡传感器节点间的能量消耗。通过使用该方法，利用子簇头机制将大簇分成小簇，簇内通诺的数据帧将更小，因此簇头可以接收的信息帧数将增加。该协议另一个改进是簇内冗余节点大部分时间都处于休眠状态，等工作的节点能量消耗完毕后逐次清醒，最大限度延长网络寿命。

（11）异构无线传感器网络节能分簇方案（EEHC）。D. Kumar 在 2009 年提出了异构无线传感器网络节能分簇方案（EEHC）。该方案是一种适用于异构无线传感器网络的分布式簇头选举方案。簇头的选择基于不同的加权概率，簇的成员节点与选择的簇头进行通信，然后簇头将汇聚的信息传递给基站。网络中节点被分为了三种类型，每种类型的节点对应了不同的选举阈值，这保证了每种类型的节点根据其加权概率成为簇头。

（12）异构无线传感器网络随机分布式高能效分簇策略（SDEEC）。B. Elbhiri 等在 2009 年提出的异构无线传感器网络随机分布式高能效分簇策略扩展了 DEEC 协议，采用随机策略减少簇内传输信息数量。该策略是一个针对特定应用的协议，当目标是收集网络区域内的最大或最小数据值（如温度、湿度等）时，可使用此策略。此时，簇头在接收到的信息中选择相关信息发送到基站。如果簇头只接收来自具有重要节点的信息，而其他节点必须处于睡眠模式。

（13）随机和平衡分布式高能效分簇协议（SBDEEC）。Elbhiri Brahim 等人在 2009 年提出了一种随机和平衡分布式高能效分簇协议（SBDEEC），该协议允许整个网络节点依据剩余能量进行簇头选择，平衡簇头节点的能耗。在第一轮分簇中，高性能节点被选为簇头，但当簇头节点能量明显降低时，随后的选举中这些节点将具有与普通节点相同的簇头选择概率。与 DEEC 协议和 SBDEEC 协议相比，该协议更好地平衡了整个网络节点的能量消耗情况，使网络工作寿命得到优化。

（14）异构无线传感器网络生命优化分簇方案（TDEEC）。Parul Saini 等人在 2010 年提出了一种优化异构无线传感器网络工作寿命周期的分簇方案。该方案根据每轮的剩余能量与平均能量之比，计算最佳簇头数目，调整了某一节点是否成为簇头的阈值。该算法考虑了两级和三级异构节点，并在此基础上提出了多级异构的通用解决方案。

（15）异构无线传感器网络分布式节能分簇算法（DDEEC）。Elbhri B. 等人在 2010 年提出了一种基于 DEEC 的异构无线传感器网络分布式节能分簇算法。该算法中，每个节点都需要知道网络的拓扑信息，像 DEEC 算法一样估计网络生命周期的理想值，用来计算每个节点在每一轮中应消耗的参考能量，并根据初始和剩余能量水平选择簇头。该算法将网络组织成一个分簇层次结构，簇头从簇节点收集感知信息，并将汇聚后的数据直接传输到基站。DDEEC 和 DEEC 的区别在于计算普通节点和高级节点成为簇头的概率表达式不同。

（16）自组织分布式无线传感器网络节能分簇协议（EECS）。Kyung Tae Kim 在 2010 年基于加权概率函数的概念，提出了一种针对自组织分布式无线传感器网络的节能簇头选举算法。在该概率函数中，考虑了三个参数：第一个参数是能量利用率，即初始能量与当前能量的比值；第二种参数是节点成为簇头，接收并汇聚成员节点数据，然后将汇聚后的信息发送给基站的通信次数；第三个参数是节点作为簇头的次数。该算法是一个网络工作寿命优化算法，利用上述参数可以有效地缓解节点剩余能量随时间变化而不均衡的问题。

（17）基于移动节点的无线传感器网络生命周期优化分簇协议（MNCP）。Babar Nazir 等人在 2010 年提出了一种利用移动节点来填补能量空洞或空白区域的分簇算法。任何一个簇头选择出现问题的簇可以向附近的移动节点发送信息，而临近的能量最大的移动节点将移动到该簇充当簇头节点，通过这种方式实现网络中节点能耗的均衡，优化网络工作寿命。

（18）针对异构无线传感器网络的均衡性改进（IBLEACH）。Ben Alla Said 等人于 2010 年提出了一种改进的均衡 LEACH 协议，它是一种自组织、自适应的分簇协议，它使用随机概率在网络中的传感器之间均匀地分配能量负载。在该算法中，节点被分为普通节点、簇头和网关，一些高剩余能量节点优先成为簇头，数据首先被汇聚到簇头，然后由簇头传递到通信开销最小的网关，从而达到降低簇头能量消耗的目的。

（19）概率簇头选择方法（ECLCM）。Jinchul Choi 等人于 2011 年建立了一个能量模型来估计多跳无线传感器网络基于概率选择簇头的能量消耗。每个传感器节点以预先确定的概率选择自己作为簇头，而不需要与其他节点进行任何信息交换。每个簇头向邻居节点进行广播。每个节点收到第一个广播后启动定时器，在一段时间内持续监听广播，然后从中选择跳数最少的簇头并将其簇头广播发送到自己的邻居节点。如果可选择的簇头多于两个，则节点随机选择其中一个。这个过程不断重复，直到每个节点选择了簇头或成为簇头。该算法中所有节点根据簇头或 Sink 节点组织的 TDMA 信道进行通信，因此可有效防止数据冲突。

（20）异构无线传感器网络加权选择协议（WEP）。Md. G. Rashed 等人在 2011 年提出了一种基于链式路由算法的分簇方案，以增强网络能效和稳定性。该算法中，每个节点分配一个权重作为选择簇头的最佳概率，该权重等于每个节点的初始能量与正常节点的初始能量之比。在分配加权概率后，簇头和簇数的选择与 LEACH 协议相同。

（21）无线传感器网络节能分簇数据聚合算法（ECBDA）。Siva R. 等人在 2012 年提出了一种提高网络生存期的数据聚合方法。在 ECBDA 中，网络首先被分割成一组簇。簇头选择过程中，利用每个簇的剩余能量和通信代价因子选择一个节点作为簇头。一旦一个节点被选为簇头，它就向它的簇成员、其他簇头和基站广播簇头发送消息。在数据聚合阶段，所有簇内成员在其分配的时隙内向簇头发送其感知到的数据，簇头在 TDMA 帧结束后汇聚数据，消除重复包，并将包转发给基站。维护阶段在每一轮检查簇头的剩余能量，如果剩余能量小于所需的阈值，则从同一簇中选出新的簇头。数据转发在第三阶段进行。

4.2.4　常见的非概率分簇协议

（1）异构传感器网络高效路由协议（HSR）。Xiaojiang Du 等人在 2005 年提出了一种异构传感器网络高效路由协议，通过部署少量功能强大的高端传感器和大量低端传感器来构建异构传感器网络，在这种情况下，每个传感器节点都是静态的并且知道自己的物理位置，这两种类型的传感器均匀随机分布在网络中，在簇形成过程中，节点根据信号强度选择簇头，簇头通过簇头间的多跳传输将数据发送到 Sink。

（2）基于流量的分簇算法（TBC）。Vijay Kr. Chaurasiya 等人在 2008 年提出了一种根据区域内传感器节点的流量模式和密度决定簇大小和层次多少的算法。在多跳网络中，基站附近的簇头所承受的负载要比远的簇头大，因为基站附近簇头既要完成从自己的簇中收集数据，也要完成转发远端簇头数据的双重工作。因此，这种情况可能导致最近的簇头比远的簇头更快地消亡，这将导致传感器网络整体失效。为了避免这种问题，算法根据该节点所覆盖区域的整体密度构造网络。

（3）概率驱动非均等分簇算法（PRODUCE）。Jung - Hwan Kim 等人在 2008 年提出了一种分布式随机分簇算法，用大小不等的分簇来组织网络。该算法采用局部概率确定簇头，采用基于随机几何的多跳路由方法。在该算法中，距离基站较远的簇较大，而距离较近的簇的尺寸较小。根据距离的不同簇头的选择具有不同的概率。

（4）基于能量和距离的分簇算法（EDBC）。Mehdi Saeidmanesh 等人在 2009 年提出了一种在簇头选择过程中考虑节点剩余能量和与基站距离的协议。如果所有的传感器节点都是大面积分布的，那么一些分簇离基站较远，而另一些则靠近基站，这会导致节点向基站传输数据时所消耗的能量存在很大差异。该算法将整个网络地形划分为围绕基站的同心圆段，距离不同的圆的簇头数量不同，近距离圆的簇头选举概率大于远端的簇头选举概率。

（5）无线传感器网络负载平衡的分布式分簇算法（DCLB）。Farruh Ishmanov 等人在 2009 年提出的负载平衡分布式分簇算法，通过负载评估分簇效果，以有效地平衡簇间通信。在簇头多跳通信中，簇大小（范围）对能量效率和负载平衡具有重要意义，决定了簇内信息量和簇间路由长度，DCLB 算法综合考虑这些因素，以优化簇间的通信负载，减少能耗。

（6）基于密度和距离的分簇算法（DDCHS）。Kyonghwa Lee 等人在 2010 年提出了一种基于传感器网络节点密度和距离来选择簇头的算法。在该算法中，将簇域根据坐标系划分为四个象限，然后在每个象限中，根据区域内节点密度和距簇头的距离选择后续簇头。算法需要节点知道自己的物理位置，根据簇的位置，计算了所有节点与簇头之间一次通信的能量消耗，显示协议性能优于 LEACH 和 HEED 两种算法。

（7）基于自组织 ID 分配的分簇算法（EECSIA）。Qingchao Zheng 在 2010 年提出了一种同时考虑无线传感器网络能量和拓扑特性的分布式分簇方案。该算法为大规模网络的分簇提供了一个有效的解决方案，可以为传感器节点分配唯一的 ID，减少通信开销，延长网络寿命。算法可以快速收敛，具有本地可扩展性，能够很好地实现网络中簇头的分布。

（8）分布式容错节能分簇算法（FEED）。M. Mehrani 等人在 2010 年提出了一种节能高效的分簇算法，利用能量、节点密度、节点中心度和节点之间的距离来选择合适的簇头进行分簇。算法为每个簇头设置了一个管理节点，当簇头出现故障时，该节点将替代簇头工作，因此提高了网络的鲁棒性。该算法需要获得所有传感器节点的物理位置，因此通信开销大能耗大。

（9）基于地理位置的分簇算法（LBS）。Ashok Kumar 等人在 2011 年提出了一种基于地理位置的分簇算法，算法仅执行一次，即分簇过程执行完毕后簇不再改变。簇内簇头节点可以轮换，轮换取决于簇头的剩余能量。簇头的轮换频率取决于网络生命周期内所执行任务的能量消耗。该算法本质上是静态的，簇的固定会导致负载不均衡，网络鲁棒性较差。

（10）基于节点度的分簇算法（NDBC）。Sanjeev Kumar Gupta 等人在 2012 年提出的基于节点度的分簇算法，将节点能量的不同划分为高级节点和普通节点，高级节点比普通节点具有更多的能量。算法根据网络中高级节点的能量和节点度（邻居数），选择高级节点作为簇头，数据传输在簇头节点之间进行。

4.3　自组织分簇算法 CBDD

本节研究如何在一个大规模的传感器网络中高效地把传感器节点感知到的数据发送回移动的 Sink，其中 Source 节点指那些根据不同的应用需求产生数据的节点，移动 Sink 指可以在网络内随意移动的数据收集者，它可以是战场中的战士或者移动的机器人，或者持有手持设备随意行走的普通人员。在无线传感器网络中引入移动 Sink 的主要原因有：

- 移动 Sink 可以增加网络的工作寿命。在一个部署固定 Sink 的传感器网络中，包含有两种类型的瓶颈节点：Sink 一跳周围的节点和连接最小割集的准瓶颈节点。在数据传输的过程中，这些节点会以比其他节点快得多的速度消耗完自己的能量，从而造成网络的割裂，Sink 再也不能有效接收来自源节点的数据，因此造成网络的死亡。而移动的 Sink 可以随时变换自己周围的一跳节点，并且使静止环境中的准瓶颈节点不再是瓶颈节点，使网络中所有节点的能量消耗处于一个比较平均的水平，因此可以显著延长网络的寿命（Wei Wang et al.，2005；Jun Luo et al.，2005）。
- 满足一些特定场景的需要。有太多的场景需要移动 Sink 的支持，比如战场上的战士借助传感器网络收集战场环境，移动的机器人采集危险区域的环境信息等。这些应用场景决定了必须考虑 Sink 的移动性对网络带来的影响。

直觉上，带有移动 Sink 的无线传感器网络类似于 MANET 网络，都需要考虑节点移动性对网络路由的影响，比如一些 MANET 网络的路由协议，如 DSDV、AODV、DSR 等。但事实上，带有移动 Sink 的无线传感器网络和 MANET 网络具有很大的不同。MANET 网络中，所有的节点都是随机移动的，源节点和目的节点之间的分组转发路径可以在任何时候任何地点中断，因此，MANET 网络的路由协议用了大量的资源来维护源节点和目的节点之间的路径，保证数据转发的连续性。而在带有移动 Sink 的无线传感器网络中，除了移动 Sink，其余的传感器节点一般都是静止的，源节点和 Sink 之间的路径仅仅是因为 Sink 的移动才会产生中断，因此没有必要采用 MANET 路由协议中的路由维护算法，加重资源本来就不富裕的传感器节点的工作负担。

学界针对带有移动 Sink 的无线传感器网络提出了一些路由协议，如 TTDD、SEAD、EARM 等。这些路由协议无一例外地需要定位算法的支持，即需要节点知道自己的物理位置。现有的定位算法中，可以提供精确定位的算法需要额外的硬件支持，增加节点的成本，而借助于现有设备（无线传输单元）的定位算法又不能够提供足够的定位精度（Meguerdichian S. et al.，2001），因此，目前这类路由协议对于目前的传感器网络并不太实用。

本节提出了一种基于分簇的针对移动 Sink 的无线传感器网络数据分发机制（Cluster - Based Data Dissemination，CBDD）。节点被部署后，会首先根据一种简单高效、可扩展性好的分簇算法，将网络组织成小的簇。移动 Sink 和源节点之间的通信分为两个部分：簇间通信和簇内通信。当移动 Sink 需要收集数据时，首先把数据请求发送到它所在的簇头，我们称为目的簇头，由目的簇头把数据请求消息发送到整个网络。在源节点收到数据请求后，也是首先把数据传递给自己的簇头，我们称为源簇头，然后由源簇头把数据发送到目的簇头，随后数据才会被转交给移动 Sink。源簇头和目的簇头之间的通信即是簇间通信，而目的簇头和移动 Sink 之间的通信是簇内通信。

4.3.1　相关工作

随着人们对无线传感器网络研究的深入，许多路由协议已经被提了出来，包括 DD、LEACH、SPIN、GRAB 等。其中，DD 提出了一种对数据命名的机制，并且通过兴趣的广播和路径的加强，依据节点梯度的不同选择一条最合适的数据分发路径，梯度的定义依赖于具体的应用，可以由数据传输的跳数、节点的剩余能量、数据传输的能耗等因素决定；LEACH 则是一种基于分簇的路由机制，被选为簇头的节点负责转发本簇内节点的数据，簇内通信采取 TDMA 的通信方式，以避免多节点同时发送数据时碰撞的发，相邻簇头节点可以直接通信，为了避免簇头之间相互竞争信道，每个簇分配不同的扩频码，以 CDMA 多址模式通信；SPIN 协议试图减少网络冗余数据量的传输，通过元数据的定义和节点间的协商来达到这一目的，节点间通过三阶段握手，即 ADV、REQ、和 DATA 的交互来完成数据的传输；而在 GRAB 协议中，所有节点维护一个自己到达 Sink 的能源开销，称为"cost"，网络中节点在转发数据时，不是确定地将数据发送给下一跳节点，而是广播给自己所有的邻居，数据包中包含节点本身的"cost"，邻居收到数据后，若自己的"cost"小于数据中的"cost"，该邻居将继续转发这个数据，采取这种转发方式时，会在数据源和 Sink 之间形成一个广播转发区域，为了限制这个广播转发区域的大小，减少数据的冗余量，GRAB 为每个数据分配一个能源冗余量——"budget"，数据源的"cost"和"budget"的和限制了数据的转发区域。上述路由协议充分考虑了无线传感器网络的特点，数据传输过程中尽量降低节点的能耗和实现负载的均衡，但是没有考虑节点的移动性，因此只适合节点和 Sink 都是静止的场景。

无线传感器网络领域专门针对移动 Sink 提出的路由协议中，TTDD、SEAD 和 EARM 是比较有代表性的三种。TTDD 适合于节点主动进行数据分发的应用，源节点检测到感兴趣事件的发生后，会以自己为中心把整个网络划分为小的虚拟的网格，关于数据的描述信息沿着网格线扩散，并且保存在网格的交点上，称之为扩散节点，移动 Sink 需要获得数据时，会发起一个范围被限制在网格内部的广播，网格节点收到 Sink 的广播后，沿着网格线把请求发送到源节点，而数据沿着相反的方向被送到扩散节点，然后由扩散节点转交给 Sink；SEAD 的思想是以源节点为根建立一个 steiner 数，移动 Sink 是这棵树上的叶子节点，Sink 移动的过程就是不断重新加入这棵树的过程，算法的核心在于找到使网络能耗最小的分支节点；EARM 假设节点的无线单元的发射功率可以调整，如果 Sink 距离路径最后一跳节点的距离越来越远，那么该节点不断增大自己的发射功率，以保持和 Sink 的连接，当距离远到即使节点以最大发射功率也不足以满足维持连接的需要时，移动 Sink 寻找一个新的邻居节点作为维持自己和原路径保持连接的最后一跳节点，这个过程不断持续下去，直到移动 Sink 估算出维持原有路径的开销已经足以抵消建立新路径的开销时，移动 Sink 将建立一条新的和源节点之间的连接。

这三种算法适用于不同规模的带有移动 Sink 的无线传感器网络，但都需要定位算法的支持，即都需要节点和移动 Sink 完全知晓自己的物理位置信息。在现有的定位算法中，基于超声波、红外、GPS 等技术的算法可以为节点提供高精度的物理定位，但是需要节点配备额外的设备，增加节点的成本，而基于无线收发单元的定位算法，虽然不会抬高节点的成本，但是定位精度不足以支持路由等功能的需要。因此，需要设计一种新的不必基于定位算法的路由协议，来满足带有移动 Sink 的无线传感器网络应用场景的要求。

本节提出的路由算法基于簇的处理。一个簇就是一组具有共同特性的节点，每个簇拥有一个簇头，负责簇内节点和簇外节点的通信，簇内节点的数据首先传递给簇头，由它向目的节点转发，簇与簇的通信通过簇间的网关节点完成。

目前针对无线自组织网络提出的分簇算法有多种，如 LEACH、HEED、Max‑Min D‑cluster 等。Max‑Min D‑cluster 算法可以在时间复杂度为 O (d) 的情况下将网络分为 d 跳的簇，同时可以均衡簇头的能量消耗，但是这种分簇算法没有考虑整个网络的能耗最优化问题。文献提出了一种最优化的簇头选择和分簇策略，从而可以使网络寿命达到最大化，但是这种算法需要节点知道整个网络的拓扑结构，这在大规模的传感器网络中是不现实的。HEED 算法是一个循环分簇的过程，节点根据剩余能量的大小决定自己成为簇头的概率，剩余能量越大，成为簇头的可能性越大。节点选择簇头的标准是簇内通信的代价最小，经过多次循环后最终确定簇头集合和节点的归属。这种算法的优点是完全分布，缺点是需要多次计算，加重节点负担，并且分簇时间较长。LEACH 算法同样是一个完全分布的分簇算法，节点以概率 p 的可能性称为簇头，然后向邻居进行广播，分簇完成一段时间后，重新启动一个新的分簇过程。这种算法的优点是可以使簇头由所有节点轮流充当，缺点是簇内和簇间通信的协议过于复杂，大大增加节点的成本。基于高效分层分簇算法，这种算法具有完全分布、算法简单、收敛快速的特点，在下节的模型分析中，我们再详细介绍这种算法。

4.3.2　算法的详细描述

　　首先考虑一个大规模部署的无线传感器网络，同构的传感器节点部署完成后处于静止状态，移动 Sink 作为数据的收集者在传感器网络中随机的移动。当 Sink 需要获得数据时，它会在网络中进行广播自己的数据请求消息，Source 节点收到数据请求后，把自己获得的数据发送给 Sink。由于 Sink 的移动性，会造成源节点和 Sink 之间数据传输路径的中断，本章的工作就是寻找一种路由算法，可以把路径中断对网络性能的影响限制在一定的范围内。本章提出的 CBDD 算法分为四个部分：分簇算法，簇内通信机制，簇间通信机制和簇间的切换。

4.3.2.1　分簇算法

　　本书采取 Seema Bandyopadhyay（2003）所提出的分簇算法，但做了一些改进。算法开始后，网络中每个节点独立地以概率 p 选择自己为簇头，并向邻居广播自己的决定。广播被限制在 k 跳范围之内。那些没有选择自己为簇头的普通节点将等待一段时间 t_{loop}，以便接收簇头的广播。当普通节点收到簇头发来的广播后，如果此时该节点还没有自己的簇头，那么它将把发出广播的节点作为自己的簇头，如果该广播的 TTL 不等于零，那么它把该广播的 TTL 减 1，然后广播给自己的邻居，否则丢弃掉该广播；如果该节点已经有了自己的簇头，那么它将简单地丢弃这个广播。经过时间段 T_{loop} 后，如果节点还没有收到簇头节点的广播，那么它将以概率 p 开始新一轮的簇头选择过程。在经过 T_{total} 时间后，那些仍然没有找到自己簇头的节点将推举自己为簇头，并向周围发出簇头广播。整个分簇算法的伪代码如表 4-1 所示。这种分簇算法的优点是简单高效，并且由于算法完全分布进行，因此可扩展性良好。

表 4-1 分簇算法的伪代码

```
selectCluster () {
        create a random number q;
        if ( q < p ) {
            I am a cluster head;
            broadcast my decision in k hops;
        } else {
            setup timer Tloop;
        }
    }
Tloop. timeout () {
        selectCluster ();
        if ( I am a clusterhead )
            break;
        else {
            setup timer Tloop;
            trying to receive the decision from the network until Tloop timeout;
        }

    }
    Ttotal. timeout () {
        select myself as a cluster head;
        broadcast my decision in k hops;
    }
    Main () {
        setup timer Ttotal;
        repeat unless Ttotal timeout
        {
            selectCluster ();
```

（续）

```
upon receiving a decision
 {
   if ( I am a clusterhead ) drop the decision;
   else {
     select the source node as my clusterhead;
     if ( TTL － ＞ 0 ) rebroadcast the decision;
   }
 }
}
```

　　L. Li 和 J. Y. Halpern（2001）给出了使整个网络能耗最小的 p 和 k 值，这两个值是在假设网络中所有节点同时产生数据并向 Sink 传输时的最优值，这种数据产生模型不适合本文提出的应用场景。因此，我们需要重新推导使网络能耗最小的 p 和 k 的值。

4.3.2.2　簇内通信

　　簇内通信指移动 Sink 与所在簇的簇头之间的通信。源节点发向移动 Sink 的数据都首先被转交给移动 Sink 所在的簇头，称之为目的簇头，由目的簇头再把数据转交给移动 Sink。引入簇内通信的目的是为了减小 Sink 的移动性对源节点和 Sink 之间的路径的破坏程度，路径的中断和修复将只在移动 Sink 所在的簇内进行。

　　如图 4－1 所示，簇内通信采取直接通信的方式。所谓直接通信指当 Sink 需要收集数据时，直接向自己的邻居发起数据查询请求包 RREQ，RREQ 被移动 Sink 的邻居发送给所在簇的簇头，簇头把接收自源簇头的数据沿相反的方向发送给 Sink。为了避免因为 Sink 的移动而维护簇头到 Sink 的路径的开销，Sink 的每个 RREQ 包都直接被它的邻居转发到簇头，然后数据再按原路返回，因此每个数据包的发送都是一个由 Sink 到簇头，再由簇头到 Sink 的过程。

　　簇头和 Sink 之间直接通信可以简化协议的设计，不需要设置 Sink 的代理节点，不需要跟踪 Sink 的运动轨迹，但是这样可能造成簇头和 Sink 之间的数据丢失，即如果 Sink 移动过快，在数据还

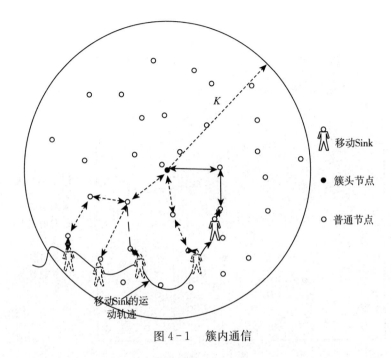

图 4-1 簇内通信

没有到达时就改变了原来路径上的邻居节点，这样 Sink 将接收不到任何数据。为了防止这种情况的出现，我们实际测量了传感器节点的通信延迟。测试中使用了 CrossBow 公司的 MICAz 节点，通信速率 250 000bit/s、通信半径 30m、数据包大小为 29bit。在实际测试中发现，经过 4 跳转发进行通信的两节点的通信时延为 80Ms 左右，完全可以满足移动 Sink 和簇头直接通信的需要。

4.3.2.3 簇间通信

如图 4-2 所示，簇间通信指源节点和移动 Sink 所在簇的目的簇头之间的通信。当移动 Sink 需要收集数据时，它首先把数据请求发送给自己的目的簇头。目的簇头接到移动 Sink 发送来的数据请求后，如果自身有指向源簇头的路径，目的簇头会沿这条路径将移动 Sink 的数据请求转发至源簇头，如果没有指向源簇头的路径，目的簇头会把这个数据请求消息向全网广播，以便把数据请求消息发送给源节点。

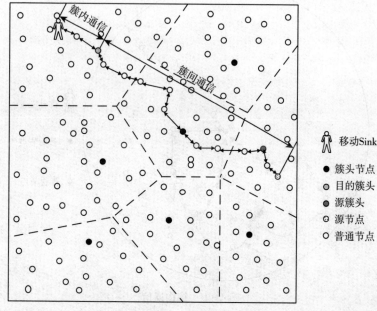

图 4-2 簇间通信

源节点收到目的簇头广播来的数据请求消息后，会把自己生成的数据和移动 Sink 的数据请求消息发送到自己的簇头节点，本文称之为源簇头。源簇头在收到源节点的数据后，首先向全网发送广播，声明自己的源簇头身份。网络中其他簇头节点在收到源簇头的广播后会建立指向该源簇头节点的路径，路径的建立原则可以采取现有的各种路由算法，如 DD、GRAB、EAR 等。这样，当 Sink 从原有的目的簇头移动到新的目的簇头时，将不需要再次在全网内洪泛寻找到达源簇头的路径。

4.3.2.4 簇间的切换

移动 Sink 在网络中移动时，会因为从一个旧的簇进入新的簇，而引起簇的切换问题。如图 4-3 所示，Sink 从簇 1 运动到簇 2，因为 Sink 归属的目的簇头的改变，会引起 Sink 和源节点之间簇间通信路径的改变，经由旧目的簇头转发的数据需要转交给新的目的簇头才能正确地传递到移动 Sink。

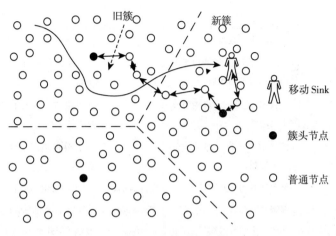

图 4-3　簇间的切换

　　如果在 Sink 移动过程中没有数据的传输，那么它离开旧的簇，加入另外一个新簇时，不会引起数据分组转发路径的中断；但是，如果有数据传输时，就需要采取簇间通信的切换措施。在移动 Sink 周期向邻居节点发送的"HELLO"信息包中，包含有移动 Sink 原来所处簇的簇头节点标识符和现在是否通信的标志位，如果 Sink 初次加入网络，这个标识符为空。Sink 的邻居收到信息包中后，将 Sink 的簇头标识符和自己的簇头标识符进行比较，如果两者不一致，说明 Sink 移动到了一个新的簇，如果同时信息包中的通信标志位表示现在 Sink 正在接收来自源节点的数据，如图 4-3 所示，Sink 的邻居节点把 Sink 的原簇头信息发送给现在的簇头节点，然后新的簇头建立一条指向旧的簇头的路径，路径建好后，原来需要通过旧簇头转发的数据就可以转交给新的簇头，然后由新的簇头转发给移动 Sink。

4.3.2.5　通信开销

　　本节推导使得网络能耗最小的 k 和 p 的值，所涉及的变量及含义如表 4-2 所示。

表 4-2　变量含义

变量	含义	变量	含义
$\hat{v}$	Sink 的平均速度	$\hat{d}$	邻居节点的平均距离
k	一个簇从簇头到最边缘的簇内节点的平均跳数	$\hat{D}$	k 跳的簇的平均覆盖半径
$\hat{l}$	从源节点到任一簇头节点的平均跳数	$\hat{d}_{Sink}$	Sink 在一个簇内的平均移动距离
λ	网络部署密度，即节点的平均邻居数	M	需要传输的总的数据包数
a	部署区域的单元边长	$E_{int\,ra\text{-}cluster}$	Sink 的簇内通信开销
N	部署节点总数	$E_{int\,er\text{-}cluster}$	Sink 的簇间通信开销
$\hat{n}$	簇内的平均节点数	E_{total}	总通信开销
p	节点成为簇头的概率		

假设节点的传输半径为一个单元长度，则节点的邻居节点距离自己的平均距离为：$d = \dfrac{1}{\pi}\displaystyle\int_0^1 2\pi r^2 dr = \dfrac{2}{3}$，则一个 k 跳的簇的覆盖半径大约为：$\hat{D} = \dfrac{2k}{3}$，我们假设当 Sink 在一个特定的簇内以平均速度 $\hat{v}$ 维持直线移动，则 Sink 在该簇内的平均移动距离为：$\hat{d}_{Sink} = \dfrac{1}{\pi}\displaystyle\int_{-\frac{\pi}{2}}^{\frac{\pi}{2}} \dfrac{4k}{3}\cos\theta d\theta = \dfrac{8}{3\pi}k$，因此，Sink 在簇内的平均移动时间为 $\dfrac{8k}{3\pi\hat{v}}$，设数据的发送频率为每秒一次，数据传输一跳消耗一个单元的能量，那么 Sink 的簇内通信开销为：

$$E_{int\,ra\text{-}cluster} = \frac{16k^2}{3\pi\hat{v}} \qquad (4-1)$$

数据包从源节点到簇头的能量开销为：

$$E_{int\,ra\text{-}cluster} = \frac{8k\hat{l}}{3\pi\hat{v}} \qquad (4-2)$$

因此总的能量开销为：

$$E_{total} = \frac{16k^2}{3\pi\hat{v}} + \frac{8k\hat{l}}{3\pi\hat{v}} \quad\quad (4-3)$$

设在一个数据接收周期内，共有 M 个数据包需要由源节点发送到 Sink，那么在这个周期内 Sink 改变簇头的次数为 $\frac{3\pi M\hat{v}}{8k}$，因为每次改变簇头增加的额外能量开销为 $\hat{l}$，因此，在整个数据接收周期内的总的能量开销为：

$$E_{total} = \frac{3\pi M\hat{v}}{8k}\left(\frac{16k^2}{3\pi\hat{v}} + \frac{8k\hat{l}}{3\pi\hat{v}}\right) + \frac{3\pi M\hat{l}\,\hat{v}}{8k} = 2Mk + M\hat{l} + \frac{3\pi M\hat{v}\hat{l}}{8k}$$

$$(4-4)$$

为了求得 E_{total} 的最小值，得到公式：$k^2 = \frac{3\pi\hat{v}\hat{l}}{16}$，因此：

$$k = \left|\frac{\sqrt{3\pi\hat{v}\hat{l}}}{4}\right| \quad\quad (4-5)$$

若建设源节点位于部署区域的角上，则可以得出 $\hat{l}$ 为：

$$\hat{l} = \left|\frac{\pi}{2a^2}\int_0^a x^2\,\mathrm{d}x + \frac{1}{a^2}\int_a^{\sqrt{2}a}\left(\frac{\pi}{2} - 2x^2\arccos\frac{a}{x}\,\mathrm{d}x\right)\right| \approx |0.9a|_\circ$$

得出 k 后，每个簇内的平均节点数为：$\hat{n} = \frac{\lambda\pi\,(\frac{2}{3}k)^2}{\pi} = \frac{4\lambda k^2}{9}$，则：

$$p = \frac{\frac{N}{\hat{n}}}{N} = \frac{1}{\hat{n}} \quad\quad (4-6)$$

4.3.3　算法的评估

本节采用 NS2 对 CBDD 进行详细的评估，重点考察的性能指标包括数据包的时延、数据包的成功传输概率和节点的平均能耗。数据包的时延反映了节点产生数据到 Sink 成功接收数据的时间延迟，这在时间敏感性的应用，比如监视、安全等应用中是一个重要的性能参数；数据包的成功传输率反映了 Sink 最终可以正确接收到的数据的多少，无线传感器网络必须保证一定的数据包成功传输概率，因为只有 Sink 接收到一定的数据包，才能对事件做出正确的判断；平均能耗反映了无线传感器网络的生存寿命的多少，因为一般节点都是由不可再生的电池供电的，平均能耗越低，节点的工作寿命越长，网络的生存寿命也就越长。

仿真节点和拓扑的属性如表 4-3 所示，具体场景相应的属性略有不同。所有的节点均匀随机分布在一个正方形区域内，Sink 以 Random Waypoint 的模型随机行走，在收到 Sink 的请求后，随机挑选的 Source 节点产生数据。每种场景随机生成 50 个拓扑，取结果的算术统计平均值作为最后结果。由于 AODV 协议同样不依赖于节点的物理位置，而目前还没有针对移动 Sink 的不依赖于定位算法的无线传感器网络路由协议，因此本节首先对比了 CBDD 和 AODV，然后又对比了 CBDD 和 TTDD 在网络性能方面的表现。

表 4-3　仿真场景设置

项目	指标	项目	指标
节点通信半径	30m	节点数量	500↑
节点数据传输速率	200 000bit/s	部署区域大小	376m×376m
节点初始能量	10J	Sink 移动速度	2～5m/s
节点发送一个比特所消耗的能量	0.18mJ	数据包的大小	60bit
节点接收一个比特所消耗的能量	0.1mJ	每个源节点产生的数据包数	500↑

4.3.3.1　担任簇头概率的影响

节点选择自己为簇头的概率 p 变化时，对网络性能的影响如图 4-4a 所示，当 p 从 0.01 到 0.09 和从 0.1 到 0.9 变化时，时延、节点平均能耗和数据包成功传输率的反应是不同的。可以看出，p 的变化并没有引起数据包时延的急剧变化，总体来说，时延的变化是一条近似平直的曲线。但是从图 4-4b 来看，p 的改变会引起节点平均能耗的显著变化，在 p 近似等于 0.02 时，节点的平均能耗最小，这和本书的理论分析结果一致，因为 p 的变化会改变网络分簇情况的变化，p 过大时簇的跳数将减小，从而引起频繁的簇间切换，增加了通信开销。图 4-4c 反映了 p 的改变对数据包成功接受率的影响，可以看出这是一条近似单调下降的曲线，节点成为簇头的概率越大，数据的成功接受率越小，当 p 大于 0.8 时，CBDD 算法的数据成功接收概率会低于 AODV。这同样因为 p 越大，网络中簇头的数量越多，簇的规模越小，移动的 Sink 就会越频繁地更换自己所属的簇。这样，因为簇的切换而丢失的数据就越多。也可以看出，由于 CBDD 算法较少采取洪泛的方法维系路径的连通，当 p 比较小时，CBDD 算法的数据成功接受率要远远高于 AODV。因此，选择适当的 p 值时，CBDD 算法无论在数据的时延，还是在节点的平均能耗和数据的成功接受率方面，都要远远胜于 AODV 算法。

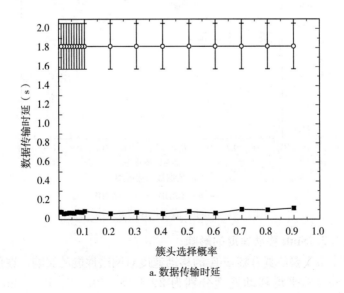

a. 数据传输时延

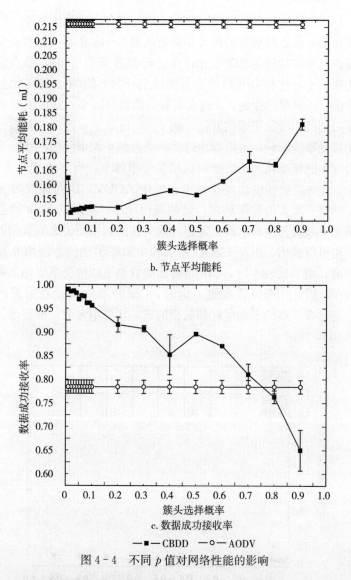

b. 节点平均能耗

c. 数据成功接收率

—■— CBDD —○— AODV

图 4-4 不同 p 值对网络性能的影响

4.3.3.2 Sink 移动速度的影响

本节主要仿真考察 Sink 的移动速度对网络性能的影响。在仿真中，Sink 的平均移动速度分别为 2、4、8、10、12、16、20m/s。

图 4-5分别为 CBDD 算法在当前场景下在数据时延、节点平均能耗和数据成功接收率方面和 AODV 算法的对比。从图 4-5a 可以看出，随着 Sink 移动速度的增加，AODV 算法中数据时延和随着增加，而 CBDD 中数据时延却近似不变。这是因为 AODV 算法采取局部路径恢复策略，尽可能地跟踪 Sink 的移动，由此造成了源到 Sink 路径的延长。而 CBDD 算法中从源到 Sink 的路径长度是一定的，不随 Sink 的移动而变化，因此数据的时延也是稳定的。图 4-5b 反映了节点平均能耗随 Sink 移动的变化情况。相对于 AODV 算法，CBDD 算法中节点平均能耗增加得更平缓一些，这是因为 CBDD 算法中，只有在 Sink 移动出簇的覆盖范围时才会引起额外的能量消耗，而这个事件发生的概率要远远小于 AODV 算法中由于 Sink 移动而引起的路径中断的概率。图 4-5c 反映了数据成功接受率随 Sink 的移动变化而改变的情况，可以看出采用 CBDD 算法时，数据的成功接受率下降明显，而与之相反的是，AODV 算法的数据成功接收率反而随着 Sink 的移动而增加，当 Sink 移动速度大于 18m/s 时，采用 AODV 算法时的数据成功接收率将大于 CBDD 算法。但是在无线传感器网络中，Sink 的移动速度大于 18m/s 的场景应该是比较少的。因此，从仿真结果来看，CBDD 算法比 AODV 算法更能适应 Sink 移动速度的变化。

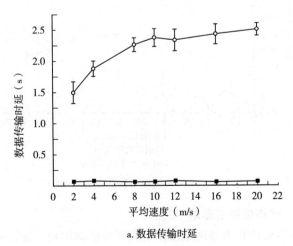

a. 数据传输时延

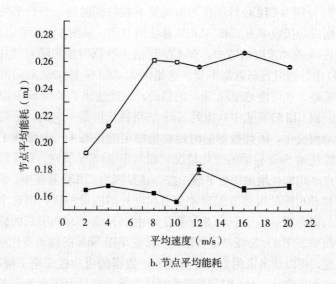

b. 节点平均能耗

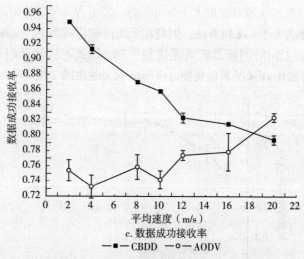

c. 数据成功接收率

■—■— CBDD   —○— AODV

图 4 - 5   Sink 的速度对网络性能的影响

4.3.3.3   网络规模的影响

本节主要仿真考察网络规模对网络性能的影响。在保持网络部署密度不变（节点平均邻居数为 10）的情况下，网络中节点数分别为 300、500、800、1 000、1 200、1 500、1 800、2 000 个。图 4-6是对应于传输时延、平均节点能耗和数据包成功接收率的仿真结果。从图 4-6a 可以看出，CBDD 算法和 AODV 算法的数据传输时延都没有随网络规模的增大而急剧增大，CBDD 中时延的增加非常平缓，时延的绝对值要远远小于 AODV 算法。从图 4-6b可以看出，随着网络规模的扩大，节点的平均能耗也随之减小，这是因为网络中节点数目增多，大多数节点不会参与到数据的转发过程中，从而造成平均能耗减小。同时还可以看出，CBDD 算法节点平均能耗的下降速度明显比 AODV 算法快，这也证明了CBDD 算法相对于 AODV 算法消耗更少的能量，但是，当网络规模较小时，CBDD 算法相比 AODV 算法并没有绝对的优势。图 4-6c反映了不同网络规模下两种算法的数据成功接收率。可以看出，CBDD 算法仍然要远远大于 AODV 算法，并且 CBDD 算法曲线波动的程度要小于 AODV 算法，也就是说，CBDD 算法更能适应网络规模的变化。

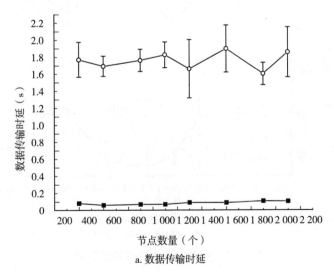

a. 数据传输时延

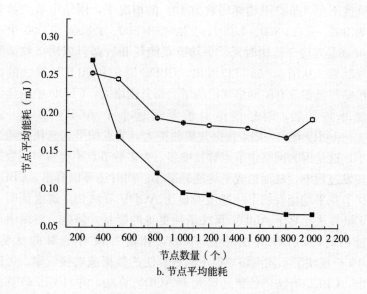

b. 节点平均能耗

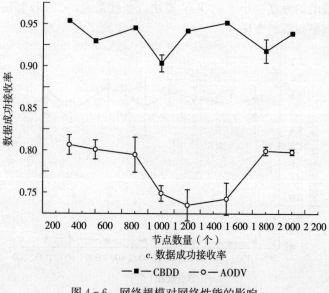

c. 数据成功接收率

—■— CBDD —○— AODV

图 4-6   网络规模对网络性能的影响

4.3.3.4 多 Sink 和多 Source 的影响

本节主要研究多 Sink 和多 Source 对网络性能的影响。图 4-7 是多 Sink 和多 Source 情况下数据传输时延、节点平均能耗和数据成功接收率的仿真结果。从图 4-7a 可以看出，Sink 和 Source 的增加对数据的传输时延基本上没有影响。图 4-7b 反映了多 Sink 和多 Source 对节点能耗的影响，可以看出，随着 Sink 和 Source 的增多，节点的平均能耗也随之增加，这是可以理解的，因为增多的 Sink 和 Source 会增加网络的数据传输量，从而增加每个节点的负担。图 4-7c 反映了多 Sink 和多 Source 对数据成功接收率的影响。总的来说，Source 的增加会引起数据成功接收率的略微下降，这是因为随着 Source 的增加，网络数据传输量增加，从而增加了数据的碰撞概率；有趣的是，Sink 的增加则会增大数据的成功接收率，这是因为仿真的网络是一个以 Sink 为中心的网络，路径的建立由 Sink 发起，这样 Sink 数据的增加会增大簇头和 Source 之间成功建立路径的机会。

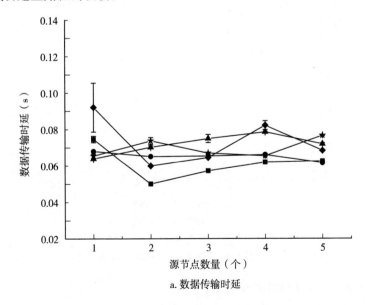

a. 数据传输时延

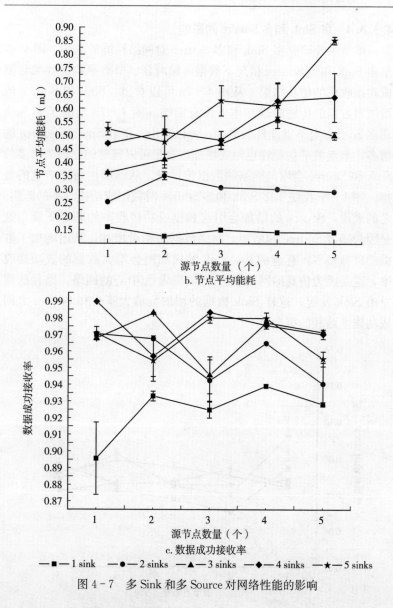

b. 节点平均能耗

c. 数据成功接收率

—■— 1 sink   —●— 2 sinks   —▲— 3 sinks   —◆— 4 sinks   —★— 5 sinks

图 4-7   多 Sink 和多 Source 对网络性能的影响

4.3.3.5   和 TTDD 的比较

本节将 CBDD 算法和 TTDD 算法进行了对比仿真，考察的内容仍然是 Sink 移动速度对数据的传输时延、节点的平均能耗和数据成功接收率的影响。TTDD 是一个基于地理位置的针对移动 Sink 的路由协议，其以 Source 为中心，将整个网络划分为虚拟的网络，网格上的格点作为数据的扩散节点，元数据沿着网格的格线扩散并被保存在格点上。Sink 移动到一个网格后，首先通过网格内广播找到一个代理节点，并把数据请求消息发给这个网格的扩散节点，扩散节点把请求沿格线传递给 Source 节点，Source 节点再把数据原路反方向传递给扩散节点，随后，扩散节点把数据发送给 Sink 的代理节点，由代理节点把数据转交给 Sink。

通过对比 CBDD 算法和 TTDD 算法在 Sink 的平均移动速度为 2、4、8、10、12、16、20m/s 时的时延、能耗和成功接收率情况，可以看出，在三个网络性能参数上，CBDD 算法都要远远优于 TTDD 算法（图 4-8）。这是由于 TTDD 算法需要在整个网络的基础上维护一个虚拟的网格，数据在沿网格扩散的时候会造成大量的能量消耗和丢失，这在网络中存在多个 Source 的时候表现得更加明显。同时，由于元数据的引入，Sink 获取最终数据需要和代理节点、扩散节点及 Source 节点多次交互，因此造成了最终数据较大的时延。

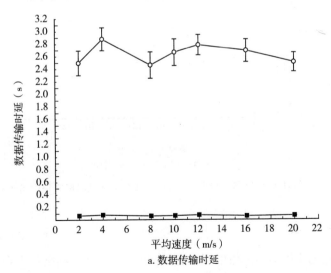

a. 数据传输时延

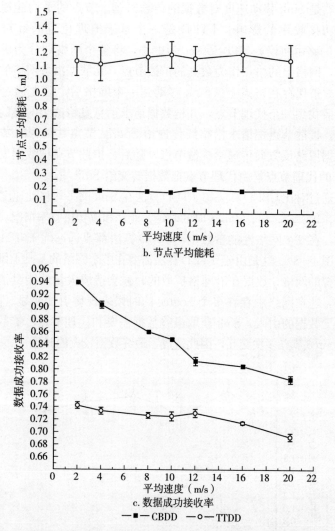

b. 节点平均能耗

c. 数据成功接收率

—■— CBDD　—○— TTDD

图 4-8　算法 CBDD 和 TTDD 在不同 Sink 移动速度时网络性能情况对比

4.3.4　小结

在无线传感器网络中引入移动 Sink 可以延长网络的寿命，因此具有非常大的实际应用价值。目前无线传感器网络中针对移动 Sink 的数据扩散协议大都需要定位算法的支持，但是目前的定位算法并不能为扩散协议提供足够的定位精度。本书提出一种新的支持移动 Sink 的基于分簇的数据扩散机制，该机制将数据源和 Sink 的通信分为簇内和簇间两部分，将因 Sink 移动而造成的路径中断限制在一个簇内，从而简化了 Sink 和数据源间维护路径的开销，减小了网络中节点的平均能耗。

4.4　基于粒子群的分簇策略

在一个特定的环境中，随机布放若干个无线传感器节点，无须布线就可以形成一个无线传感器网络。传感器节点一般周期性地进行数据采集与处理，节点能耗问题十分关键，决定了无线传感器网络的生命周期。应用无线传感器网络技术，通过先进智能算法的动态寻优策略实时同步处理采集的数据，实现设备运行数据的实时监测，对监测区域环境参数，如建筑环境中空调设备的温度、湿度等，进行调节控制，此时整个传感器网络需要均衡不同节点间的能量消耗，保证系统整体的生命周期。

W. R. Heinzelman 等（2000）提出一种基于低能耗自适应分簇层路由协议的权重分簇算法来改进无线传感器网络中的能量消耗问题，Zhang Jian‑wu 等（2008）关于 Slepian Wolf 的分簇模型分析无线传感器网络中的传输能耗的最小化问题，Razvan Cristescu 等（2004）提出针对无线传感器网络的 EADD 算法，通过数据处理过程来节能。Zhao Chenglin 等（2011）、H. Sivasankari 等（2011）提出将每个簇都固定在某个区域，进行集中式或分布式选择簇头动态成簇的能耗优化问题。本书基于固定分簇的算法，在形成固定规模的分簇前，选择智能算法来优化成簇的规模，减小无线传感器网络能耗，改进网络空洞、网络热点等问题。在优化分簇过程中，粒子群优化（Particle Swarm Optimization，PSO）算法反复进行迭代，基于惯性权重、加速因子等参数调整每代最优个体的适应度值。

4.4.1 相关模型及假定

4.4.1.1 网络模型及假定

假设该 WSNs 具有如下性质：

- 每个节点具有唯一 ID，均匀分布在监测区域
- 所有节点能量固定并且均衡有限，基站位置位于地理坐标原点
- 改进的固定分簇算法中簇内区域重心附近节点作为簇头
- 每个节点周期执行数据采集任务，并始终有数据传送到基站

4.4.1.2 数据收集方式

基于应用需求，目前 WSNs 中有两类数据收集方式，即时间驱动的数据收集方式和事件驱动的数据收集方式（蒋畅江、向敏，2013）。时间驱动的数据收集即周期性数据收集，指监控区域内的传感器节点定时采集区域中需要的数据，如温度、湿度等，将这些信息上传到基站。在这种方式中，时间被离散化为"轮"，每轮间隔根据信息的变化频率和监测需求决定。一轮数据收集指所有传感器节点把这一轮时间段中采集的数据汇聚到基站。事件驱动的数据收集指监控区域内的传感器节点监视区域内的某些事件，如果探测到事件发生，将该事件的相关信息记录下来，传送到基站。建筑环境中的空调温度、湿度参数需要实时监控，为了准确了解参数变动情况及环境的状况，需要采用时间驱动的数据收集应用，即周期性数据收集应用。

4.4.1.3 无线通信能耗模型

无线通信能耗模型中无线信号的能量衰减取决于发送方和接收方的距离（假设为 d）。距离小于临界值 d_0 时，采用 Friss 自由空间模型（Friss Free Space Model），传播能量损失与 d^2 成比例关系；否则采用双径传播模型（Two-ray Ground Propagation Model），传播能量损失与 d^4 成比例关系（W. R. Heinzelman et al.，2000）。

当发送方与接收方的距离为 d，发送 lB 数据消耗的能量为：

$$E_{tx}(l,d) = \begin{cases} lE_{elec} + l\varepsilon_{fs}d^2, d < d_0 \\ lE_{elec} + l\varepsilon_{mp}d^4, d \geqslant d_0 \end{cases} \qquad (4-7)$$

式中，E_{elec}（nJ/B）为射频能耗系数，ε_{fs}、ε_{mp} 分别为 $d<d_0$ 与 $d\geqslant d_0$ 时不同信道传播模型下的功率放大器电路能耗系数，$d_0 = \sqrt{\varepsilon_{fs}/\varepsilon_{mp}}$。

节点接收数据能耗为：

$$E_{rx}(l) = lE_{elec} \qquad (4-8)$$

4.4.1.4   分簇方式

分簇方式有局部分簇和集中式分簇。集中式分簇是由基站统一进行信息采集，收集各节点的地理位置、剩余能量、邻居节点等信息进行数据整合处理，通过智能优化算法控制无线传感器网络的分簇结构。基站根据接收到的各个簇的数据量来估算每个簇内节点的能量消耗情况，并根据估算结果来重新确定下一轮的分簇结构。基于层次组簇的 LEACH 算法采用分布式分簇，根据局部的广播-应答方式选择簇头，普通节点依据簇头广播信号强弱加入分簇，但动态、频繁地更换簇头使节点需要额外的广播能耗来建立新的簇头（乐俊等，2011）。本节采用集中式的分簇算法，减少普通节点的能量负荷及电池能耗，尽量避免能量空洞，保证网络的连通性。

4.4.2   规则的非均匀分簇网格机制

4.4.2.1   非均匀分簇网格的建立

本书中 $4N$ 个传感器节点均匀部署在 $2M \times 2M$ 的二维区域 A 内，基站位于区域中心，即平面坐标原点。为了研究方便，选择区域第四象限作为研究对象，即 N 个节点部署在 $M \times M$ 的监测区域。网络分为 k 层，c_1 层是长度为 r_1 的正方形区域，c_2 层是长度为 (r_1+r_2) 的正方形区域除去 c_1 层，以此类推，c_k 层是长度为 $(r_1+r_2+\cdots+r_k)$ 的正方形区域除去 $(c_1+c_2+\cdots+c_{k-1})$ 层。如

图 4 - 9 所示，$\sum_{s=1}^{k} r_s = M, x_i = y_i = r_s$。

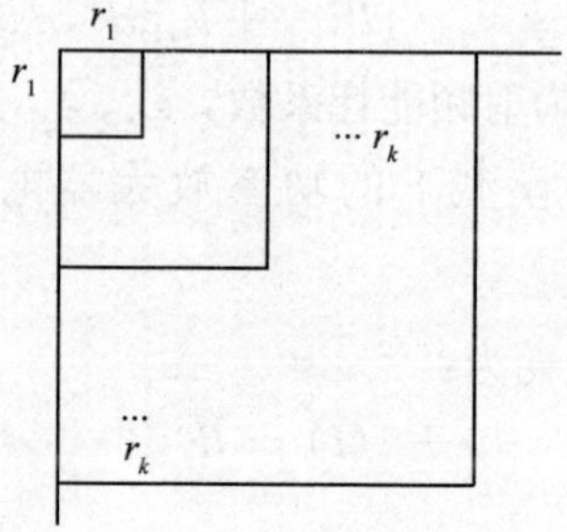

图 4 - 9   规则的分簇网格划分

UCS 首次明确提出非均匀分簇的思想来均衡簇头能耗（Razvan Cristescu et al.，2004）。簇头的能耗包括簇内通信和簇间通信能耗，簇内通信能耗和成员节点数量成比例关系，簇间通信能耗是转发数据量的函数。

为了简化数学模型，簇头传输路由表中依次靠近基站的上层簇头作为转发中继，直到数据传到基站。如图 4 - 9 所示，N_i 为 c_i 层分簇网格中传感器节点的数目：

$$N_i = \frac{0.25\pi r_i^2 - 0.25\pi r_{i-1}^2}{0.25\pi M^2} N \qquad (4-9)$$

设 E_s 为节点的平均初始能量，c_i 层网格 G_i 的总能量为 E_{ij}：

$$E_{ij} = \sum_{s=1}^{N_i} E_{si} \approx N_i \times E_{si} \qquad (4-10)$$

在数据传输中，时隙是每个节点由簇头分配的数据传输时间，节点时隙处理帧数会影响标准数据量以及每轮每个节点发送的数据包数目。一般簇头处理的数据量比较大，即时隙内处理的帧数比较多。设 T 为每轮中数据传输阶段的时间，$\sum_{i=1}^{k} r_i = M$ 为每个时隙的时间，N_f 为节点每个时隙处理的帧数，$F = \sum_{i=1}^{k} E_i$ 为簇头额外的时隙数，

有 $N_i' = [N_i/N_f]$，$\sum_{i=1}^{k} r_i = M$ 为 G_i 每轮每个节点发送的数据包个数，则有：

$$N_{pi} = \frac{T}{(N_i + N_i')t_s} \qquad (4-11)$$

网格 G_i 的能耗包括簇内能耗 E_{i1}、簇间能耗 E_{i2}。簇内能耗主要包括普通节点的发送能耗及簇头对这些数据的接收、融合及路由能耗；簇间能耗指下层簇内普通节点采集的数据融合后经过网格簇的簇头接收和路由能耗。每一轮数据传输，簇头根据时分复用的方式为簇内的节点分配通信时隙，节点在时隙内传输采集的数据，有效避免数据发送冲突，保证数据的可靠性。假设簇头节点不产生数据，每个时隙周期中 G_i 产生（N_i-1）个数据包。G_i 每轮处理数据的总能耗 E_i：

$$E_i = (N_i - 1)E_{i1}N_{pi} + \sum_{1}^{k-1}(N_s - 1)E_{i2}N_{ps} \qquad (4-12)$$

将式 4-11 代入式 4-12，整理后得

$$E_i = (E_r + E_g + E_f + P_a E_s)\frac{(N_i - 1)}{(N_i + N_i')}\frac{T}{t_s}$$

$$+ \sum_{s=1}^{k-1}\frac{(N_s - 1)}{(N_s + N_s')}P_a(E_g + E_s)\frac{T}{t_s} \qquad (4-13)$$

由式 4-10、式 4-13，得到无线传感器网络的每轮能耗为

$$F = \sum_{i=1}^{k} E_i \qquad (4-14)$$

式中，E_s 为节点向簇头发送一个标准数据包的平均能耗；E_g 为簇头接收一个标准数据包的平均能耗；E_f 为簇头融合一个标准数据包的平均能耗；E_r 为簇头路由一个标准数据包的平均能耗。

在分簇算法中，簇头不仅担任本地控制中心，同时转发来自其他簇头的数据，因此簇头的能耗通常高于本簇的普通节点。为延长整个网络的连通时间，必须延长距离基站较近的簇的存活时间，需要距离基站较近的簇规模小于距离基站较远的簇规模（唐

贤伦，2007)。

4.4.2.2　PSO算法优化分簇网格

PSO算法是近年来发展起来的一种新的基于群体智能的进化计算技术，最初由 Kennedy 和 Eberhart 于 1995 年提出，源于对鸟群觅食过程中的迁徙和群集行为的研究。

PSO算法首先生成初始种群，即在可行解空间中随机初始化一群粒子，每个粒子都是优化问题的一个可行解，通过目标函数确定的适应值（Fitness Value）来评价解的品质，并经逐代搜索最后得到最优解。在每一代中，粒子将跟踪两个极值，一个是粒子本身迄今找到的最优解 P_i，另一个是全种群迄今找到的最优解 P_g。假设粒子群规模为 u，群体中每个粒子 i，在 K 维空间中的位置为 $X_i = (x_{i1}, x_{i2}, \cdots, x_{ik})$，飞行速度为 $V_i = (v_{i1}, v_{i2}, \cdots, v_{ik})$，经历过最好的位置为 $P_i = (p_{i1}, p_{i2}, \cdots, p_{ik})$，种群中粒子经历过的最好位置为 $P_g = (p_{g1}, p_{g2}, \cdots, p_{gk})$，第 t 代的粒子根据式4-15更新自己的速度和位置。

$$v_{ik} = \omega v_{ik} + c_1 r_1 (p_{ik} - x_{ik}) + c_2 r_1 (p_{gk} + x_{ik}) \quad (4-15)$$
$$x_{ik} = x_{ik} + w_i \times v_{ik} \quad (4-16)$$

式中，v_{ik} 和 x_{ik} 分别为 t 代种群中第 i 个粒子的速度和位置；ω 为惯性权重；c_1 和 c_2 为加速因子，r_1、r_2 为 $[0, 1]$ 之间的随机数；P_i 和 P_g 分别为 t 代种群中第 i 个粒子所找到的最优位置和整个种群的最优位置。

划分规则的非均匀分簇网格时，地理位置限制 $r = (r_1, r_2, \cdots, r_k)$ 需满足如下约束条件

$$\sum_{i=1}^{k} r_i = M \quad (4-17)$$

利用PSO算法，在式4-15的约束下寻找最优的 $(r_1, r_2, \cdots, r_k)$ 及适应度函数。改进的固定分簇网格的划分策略，将网格划分为形状规则的分簇结构，目标函数 F 取得最小值，减少整个传感器网络消耗的能量，延长网络寿命。分簇网格划分完成之后可进行用户感兴趣的建筑环境参数的采集、传输和处理。

非均匀分簇网格划分机制伪代码：

```
PSO Algorithm：
parameter initialization；
for i＝1to sizepop do
    Randomly generate initial population and who's sum is r；
    Calculate the fitness（i）of every population；
end
    fitnessgbest＝fitness；
    fitnesszbest＝bestfitness；
for i＝1：maxgen do
    for j＝1：sizepop do
        update Speed；
        update pop（j,:）；
        calculate fitness（j）；
        update fitnessgbest；
        update fitnesszbest；
    end
end
```

Maxgen-进化次数，Sizepop-种群规模，Pop-种群，Fitness-适应度，fitnessgbest-个体最佳适应度，Fitnesszbest-全局最佳适应度。

4.4.2.3 基于PSO算法的分簇校正

PSO算法的迭代过程中，粒子的速度和位置更新后可能不再满足式4-17的约束而偏离解空间，无法利用PSO算法继续求解，因此需要引入粒子校正算法对更新后越界的粒子进行校正。

考虑校正算法的简单易行，可以在PSO算法中的加入约束参数，使粒子群位置更新和速度更新在一定的限度范围内，相对原始种群而言，其变化范围有限，有 $\sum_{i=1}^{k} r_i \approx M$，PSO算法能够继续迭代运行。但是，对于变化范围不大的种群其运算结果必然受到先天的约束，有可能陷入局部优化的问题中，不能很好地实现寻优策略。

本书采用下面的校正策略：

- 随机产生符合 $\sum\limits_{i=1}^{k} r_i = M$ 的初始种群；

- 在粒子的位置更新和速度更新后，$\sum\limits_{i=1}^{k} r_i \neq M = sum$ ；

- 如果 $sum > M$，则种群中每个粒子均减去（$sum - M$）/k；如果 $sum < M$，则种群中每个粒子均加上（$M - sum$）/k；

- 继续进行算法迭代循环，进入步骤1，最终在进化代数时终止算法。

```
PSO algorithm correction：
Pop（j，：）＝ceil（Pop（j，：））；
            sum1＝sum（Pop（j，：））；
            if sum1＞r
                sub＝（sum1 - r）/k；
Pop（j，：）＝Pop（j，：）- sub；
            else if sum1＜r
                add＝（r - sum1）/k；
Pop（j，：）＝Pop（j，：）＋add；
            end
```

4.4.3 仿真结果

本节使用 Matlab 仿真模型对算法进行仿真，仿真参数根据 W. R. Heinzelman 等（2000）提出的标准进行设定，如表 4 - 4 所示。

表 4 - 4　参数设定

仿真参数	取值
E_{elec} / $(nJ \cdot B^{-1})$	10
E_a / $(nJ \cdot B^{-1})$	5
ε_{fs} / $(pJ \cdot B^{-1} \cdot m^{-2})$	50
ε_{mp} / $(pJ \cdot B^{-1} \cdot m^{-4})$	0.001 3
Data Packet's Length/B	500
N/number	2 000
BS' Position/m	(0, 0)
Nf/number	10
t_s/s	0.03
M/m	500
k	10
T/s	20

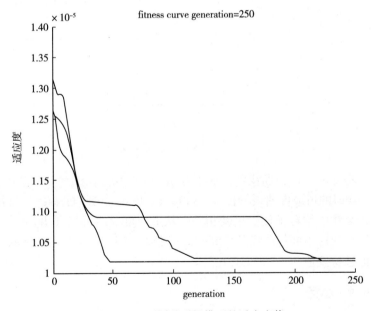

图 4 - 10　不同种群规模下的适应度值

图 4 - 10 中的适应度曲线是经过多次仿真后比较理想的曲线，当 generation＝150 时，从上到下的曲线为 $g＝20$，$g＝40$，$g＝60$，g 代表种群规模。由图 4 - 10 可知，不同的种群规模可以得到不同的适应度值变化曲线，但是最终的适应度值基本趋于相同，在下一步仿真试验中，可以选择 $g＝60$ 的种群规模来进行试验得到比较准确的适应度值。

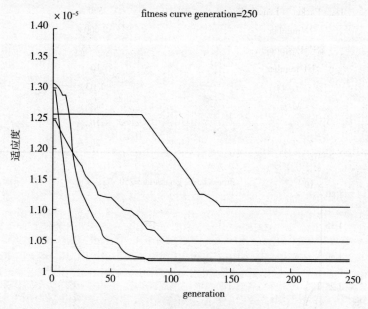

图 4 - 11　不同 w_i 下的适应度值

在 $g＝50$ 时，曲线由上而下分别是 $w_i＝0.5$，$w_i＝1$，$w_i＝3$，$w_i＝5$ 时的适应度曲线（图 4 - 11）。w_i 是式 4 - 16 的参数，与粒子群算法中的粒子位置更新相关，从适应度曲线可以看出，w_i 不同取值对应不同的曲线及最终的适应度值。当 $w_i＝3$ 时，最终的最优的适应度值为 $1.02×10^{-6}$。

4.4.4　小结

本书提出一种基于粒子群算法的无线传感器网络分簇算法。算法在确定网络模型及无线通信能耗模型后，划分分簇网格，固定分簇策略在于划分非均匀网格时利用 PSO 算法搜索到最优的 $r=(r_1, r_2, \cdots, r_k)$ 且 $r=r_1+r_2+\cdots+r_k$，每个节点将自身地理位置和剩余能量等信息报告给基站，基站根据这些全局信息进行分簇，能够确保离基站越近的网格拥有越多的节点，从而拥有越多的能量转发上层网络数据。规则的非均匀分簇网格的优化策略能够有效地改善网络空洞及能耗不均的问题，明显地提高网络的可用性，延长网络寿命。本书通过 Matlab 仿真验证了适应度值和 PSO 算法中的相关参数的对应关系，为了提高分簇准确性，优化参数设置，进行了粒子群算法的位置、速度等参数的校正。

4.5　本章小结

分簇是无线传感器网络中常用的一种节点组织方式。分簇可以减轻大规模传感器网络的组织复杂度，将数据分发限制在一个较小的区域内，同时可以在簇内进行数据的网内处理，如汇聚和融合，从而可以减少网络中传输的数据量，节省能耗。本章最后提出了两种无线传感器网络中分簇策略，通过理论分析和仿真验证，两种分簇方法适用于不同规模和部署方式的无线传感器网络。

5 | 无线传感器网络的路由管理

5.1 概述

在过去几年中，人们投入大量精力研究传感器网络在数据采集、处理以及在协调和管理感知活动方面的应用潜力。然而，传感器节点在能量供应和带宽方面受到的严重限制迫切需要新技术来消减能源消耗，提高能量效率，延长网络寿命。这些约束与传感器网络的随机部署特点相结合，对无线传感器网络的设计和管理提出了许多挑战，并要求在网络协议栈的每层采用能量感知算法。例如，在网络层，迫切需要找到能源高效的路由算法将数据从传感器节点转发到基站，从而最大限度地延长网络的生命周期。

由于无线传感器网络与其他无线网络（如移动自组织网络或蜂窝网络）的固有区别，无线传感器网络中的路由算法设计非常有挑战性。第一，传感器网络节点数量较多，因此不可能为部署的大量传感器节点建立全局寻址方案，因为 ID 维护的开销很高。因此，传统的基于 IP 协议的路由算法可能不适用于无线传感器网络。此外，以自组织（Ad Hoc）方式部署的传感器节点需要自组织成连通的网络拓扑，以保障感知数据的正确采集，在无线传感器网络中，有时获取数据比知道发送数据节点的 ID 更重要。第二，与典型的通信网络相比，几乎所有传感器网络的应用都需要将感知数据从多个源传输到特定基站。第三，传感器节点在能量、数据处理能力和存储能力方面受到严格限制，节点的网络协议需要仔细的资源管理。第四，大多数无线传感器网络应用场景下，除了少数移动节点，节点在部署后通常是静止的。其他传统无线网络中的节点是自由移动的，这导致了不可预知的频繁的拓扑变化。第五，传感器网络一般针对特定的应用，网络设计要求随着应用的变化而变化，如低延迟精确战场感知应用面临的问题肯定不同于定期进行天气监测的应用。第六，传感器节点的位置感知非常重要，因为数据采集通常是位置相关的。最后，无线传感器网络中的许多传感器节点采集的数据通常基于同一或某一现象或事件，因此这些数据很可能具有一定的冗余性。路由协议需要利用这种冗余来提高能量和带宽利用率。通常，无线传感器网络是以数据为中心的网络，网络需要能够根据数据的属性对数据进行查询和汇聚，如查询类似于［温度＞23℃］的数据时，则只有感知到环境温度＞23℃的节点上传其数据。

由于这些差异，许多新的算法被提出来解决无线传感器网络中的路由问题。这些路由算法考虑了无线传感器网络的固有特性以及应用和体系结构的要求。由于能量限制和节点状态的突然变化（如发生故障）会导致频繁和不可预测的拓扑变化，在无线传感器网络中查找和维护路由的任务非常重要。为了减少能量消耗，文献中提出的无线传感器网络路由技术采用了一些无线传感器网络特有的策略，如数据汇聚和网络内处理、分簇、不同节点角色分配和以数据为中心的方法。几乎所有的路由协议都可以根据网络结构分为平等的、分层的、基于位置或根据协议操作，这些协议可分为基于多路径、基于查询、基于协商、基于 QoS 和基于一致性的协议。在平等的网络结构中，所有节点都扮演相同的角色，而分层的协议目标是将节点进行分簇，这样簇头就可以对数据进行汇聚和融合，从而节省数据传输的能耗。基于位置的协议利用位置信息将数据传输到所需的区域，而不是整个网络。

尽管无线传感器网络的应用层出不穷，但这些网络普遍存在着能量供应有限、计算能力有限、连接传感器节点的无线链路带宽有限等诸多限制。无线传感器网络的主要设计目标之一是在进行数据通信的同时，通过采用积极的能量管理技术来延长网络的生命周期，防止网络连通性退化。无线传感器网络路由协议的设计受到许多具有挑战性的因素的影响，只有克服这些因素，才能在无线传感器网络中实现有效的通信。影响无线传感器网络路由算法的一些路由挑战和问题如下：

- 节点部署：无线传感器网络中的节点部署依赖于应用程序，并影响路由协议的性能。部署可以是确定性的，也可以是随机的。在确定性部署中，传感器被手动放置，数据通过预先确定的路径进行路由。然而，在随机节点部署中，传感器节点被随机分散，以自组织方式创建一个连通的网络。如果节点的分布不均，则需要优化分簇算法以强化网络连通性并实现节能操作。由于能量和带宽的限制，传感器间的通信通常在较短的传输范围内，因此，路由很可能通过多跳无线传输实现。

- 在不损失精度的情况下能耗情况：传感器节点使用其有限的能量供应进行路由处理和数据传输，因此能源供给对网络工作情况有关键影响，电池能量通常决定了传感器节点的工作寿命。在多跳无线传感器网络中，每个节点都扮演着数据发送者和数据路由器的双重角色，某些传感器节点因电源故障而出现故障，可能会导致整个网络的重大拓扑变化，可能需要重新计算路由或重新组织网络。

- 数据采集模型：无线传感器网络中的数据感知和采集依赖于具体的应用和时效性。数据的采集可以分为时间驱动（连续）、事件驱动、查询驱动和混合。时间驱动的数据采集模型适用于需要定期数据监视的应用程序。因此，传感器节点将周期性地打开它们感知环境参数并以固定的时间间隔传输感兴趣的数据。在事件驱动和查询驱动模型中，传感器节点对由于某个事件的发生或基站生成的查询做出反应，进行数据感知和采集，因此非常适合于时效性紧迫的应用。数据采集模型会极大影响路由协议在能量消耗和路由稳定性方面的表现。

- 节点/链路异构性：在许多研究中，传感器节点都被假设为同质的，即在计算、通信和功率方面具有相同的能力。但是，根据应用的不同，传感器节点可能具有不同的角色或功能。异构传感器节点的存在引起了许多与路由算法相关的技术问题。例如，一些应用可能需要多种传感器的混合，以监测周围环境的温度、压力和湿度，通过声学特征检测运动，以及捕捉运动物体的图像或视频跟踪。这些特殊传感器既可以独立部署，也可以在相同的传感器节点中包含不同的功能。即使是数据读取和传输也可以以不同的速率进行，受不同的服务质量要求的限制，并且遵循不同的数据采集模型。例如，分层的路由协议可以指定若干个不同于普通传感器的簇头节点，这些簇头节点具有更强大的能源供给、计算能力和存贮能力，数据汇聚和到基站的传输一般由这些簇头节点承担。

- 容错性：某些传感器节点可能会因能源不足、物理损坏或环境干扰而出现故障或被阻塞。传感器节点的故障不应影响传感器网络的整体任务。如果许多节点发生故障，MAC 协议和路由协议必须适应这种拓扑变化，计算从节点到基站的新链路和新路由。这可能需要主动地调整现有无线信道的发射功率以减少能量消耗，或者根据可用剩余能量重新组织路由。为了增强容错性，无线传感器网络通常采用冗余部署。

- 可扩展性：感知区域中部署的传感器节点数量可能为数百或数千个，或更多。路由算法需能够处理如此庞大的传感器节点。此外，传感器网络路由协议应具有足够的可伸缩性，以响应环境的变化。在监测事件发生之前，大多数传感器可以保持休眠状态，仅维持少数节点处于工作状态。

- 网络动态变化：大多数网络应用都假设传感器节点是静止的，然而，许多情况下基站或传感器节点的移动性有时是必需的。从移动节点发送数据或发送到移动节点数据都对路由协议带来了新的挑战，因为除了能量、带宽等之外，路由稳定性成为一个重要问题。此外，感知到的现象可以是动态的，也可以是静态的，这取决于具体应用。例如，在目标检测/跟踪应用中，它是动态的，而在森林早期防火监测中，它是静态的。在保障一定的服务质量要求下，监视静态事件和动态事件对网络路由协议的要求可能是不同的，需要在设计协议时考虑这个因素。

- 传输介质：在多跳传感器网络中，通信节点由无线信道连接。与无线信道相关的传统问题（如衰落、高错误率）也可能影响传感器网络的运行。一般来说，传感器节点的信道所需带宽较低，在 $1 \sim 100\ 000$bit/s。无线传感器网络节点需要关注 MAC 协议的设计，一种方式是采用基于 TD-MA 的协议，与基于竞争的协议（如 IEEE802.11）相比，该协议可以节省更多的能量，也可以使用蓝牙技术。

- 网络连通性：传感器网络节点分布方式和部署密度决定了网络连通性。由于节点可能是随机撒布的，连通性也存在不确定性，为了提高连通度，节点可以采取高密度部署的方式，但这会带来大量节点冗余的问题。

- 网络覆盖问题：由于节点能力有限，每个传感器节点只能感知部分区域的事件，这会带来网络的覆盖问题。同样为了提高覆盖度，节点也可以采用高密度部署方式，大量冗余节点的存在对路由协议的高效节能提出了挑战。

- 数据汇聚：由于传感器节点可能产生大量冗余数据，因此可以汇聚来自多个节点的类似数据包，从而减少数据传输数量。数据汇聚是根据一定的聚合函数将不同来源的数据进行组合，如重复抑制、最小值、最大值和平均值。该技术已被用于许多可以实现能量效率和数据传输优化的路由协议。信号处理方法也可用于数据汇聚，在这种情况下，它被称为数据融合，节点能够通过使用诸如波束成形之类的技术来组合输入信号，提高信号信噪比，形成更加精确的信号。

- 服务质量：在某些应用中，数据从感知到传输到基站的时间被限制在一定间隔内，否则该数据就失去了时效性，被认为是无效的。因此对于时间受限的应用来说，路由算法设计需要考虑数据传输的时延。另外，在许多应用中，与网络寿命直接相关的能量消耗被认为比数据传输的质量更重要，为了延长网络工作寿命，减少能耗，需设计基于能量感知的路由协议。

无线传感器网络的网络组织结构对路由算法有重大影响。一般来说，无线传感器网络中的路由可以根据网络结构分为节点平等的路由、基于层次的路由和基于位置的路由。在节点平等的路由中，所有节点通常被分配相同的角色或功能。在基于层次的路由中，节点在网络中扮演着不同的角色。在基于位置的路由中，利用传感器节点的位置来路由网络中的数据。如果可以控制某些系统参数以适应当前的网络条件和可用的能量水平，则认为路由协议是自适应的。此外，根据路由算法的计算，这些协议可分为基于多路径、基于查询、基于协商、基于 QoS 或基于一致性的路由技术。除此之外，路由协议还可分为三类，即主动式协议（也称表驱动路由协议）、反应式协议和混合式协议，这取决于源端如何找到通往目的地的路由。在主动式协议中，所有的路由都是在真正需要之前计算的，而在反应式协议中，路由是根据需要计算的。混合协议结合了这两种思想。当传感器节点是静态时，最好使用表驱动的路由协议，而不是使用反应式协议，因为反应式路由协议的路由发现会消耗大量能量。另一类路由协议称为合作路由协议，在协作路由中，节点将数据发送到中心节点，中心节点可以聚集数据并对其进行进一步处理，从而在能量使用方面降低路由成本。

5.2　基于网络结构的路由协议

5.2.1　节点平等路由协议（Flat Routing）

第一类路由协议是多跳平等路由协议。该类协议假设网络中每个节点扮演相同的角色，传感器节点协作执行感知任务。由于这类节点的数量很大，因此不可能为每个节点分配一个全局标识符（ID）。因此该类路由通常是以数据为中心的路由协议，基站向某些区域发送查询并等待来自选定区域的传感器的数据。由于数据是通过查询请求的，因此需要统一定义数据的属性以标识不同的数据。早期的以数据为中心的路由协议，例如 SPIN 和 DD（Directed Diffusion）表明，通过数据协商和消除冗余数据，可以减少数据传输，节省能耗。这两个协议推动了许多遵循类似概念的其他协议的设计。

5.2.1.1 信息协商传感器协议（Sensor Protocols for Information via Negotiation，SPIN）

W. R. Heinzelman 等人（1999；2002）提出的一系列自适应协议，被称为信息协商传感器协议（SPIN）。假设网络中的所有节点都是潜在的基站，将每个节点的所有信息传播到整个网络。这使用户能够迅速查询任何节点并立即获得所需的信息。这些协议利用了邻近节点具有相似数据的特性，因此只需要分发其他节点没有的数据。SPIN 协议族使用数据协商和资源自适应算法，运行 SPIN 的节点使用统一定义的名称来完整描述它们收集的数据（称为元数据），并在传输任何数据之前执行元数据协商，这保证了在整个网络中没有多余的数据发送。元数据格式的语义是特定于应用程序的，而不是 SPIN 中指定的。例如，如果传感器覆盖某个已知区域，它们可能会使用区域的 ID 来报告元数据。此外，SPIN 可以访问节点的当前能量级别，并根据剩余能量大小调整其运行的协议。这些协议以时间驱动的方式工作，即使用户不请求任何数据的情况下也会将信息分发到整个网络。

SPIN 系列协议旨在通过协商和资源调整来解决传统洪泛（Flooding）算法的缺陷。SPIN 协议系列基于两个基本思想设计：

- 传感器节点通过发送描述传感器数据的数据（而不是发送所有数据）来更高效地运行并节省能量；
- 传统的协议，如基于洪泛（Flooding）或流言（Gossiping）

的路由协议在传感器密集部署的网络中传输额外和不必要的数据副本时，会浪费能量和通信资源。洪泛算法会存在内爆问题，即节点会收到大量相同的数据，或者重复覆盖区域的传感器会产生相似的数据并发送给自己的邻居，而这会产生大量无谓的能量损耗。流言算法通过选择一个随机的节点来发送数据包而不是盲目地广播数据包，从而避免了内爆的问题。但是，这会导致数据的传播出现延迟。

SPIN 的元数据协商解决了传统的洪泛问题，从而实现了高效的能量利用。SPIN 是一个三阶段协议，因为传感器节点使用三种类型的消息 ADV、REQ 和 DATA 进行通信。ADV 用于通告新数据，REQ 用于请求数据，DATA 是实际的消息本身。当 SPIN 节点获得它愿意共享的新数据时，协议就开始了，它开始广播包含元数据的 ADV 消息；如果一个邻居对数据感兴趣，它会为该数据发送一个 REQ 消息，该节点会将该数据发送到该邻居节点。然后，邻居节点与其邻居重复此过程，因此整个传感器网络将收到一份数据副本。

SPIN 协议族包括许多协议。主要的两种协议称为 SPIN-1 和 SPIN-2，它们在传输数据之前进行协商，以确保只传输有用的信息。另外，每个节点都有自己的资源管理器来跟踪资源消耗情况，并在数据传输之前作为路由计算的依据。SPIN-1 协议是一个 3 阶段协议，SPIN-2 是 SPIN-1 的一个扩展，除了协商之外，它还结合了基于阈值的资源感知机制。当节点能量充足时，SPIN-2 使用 SPIN-1 的三阶段协议进行通信。然而，当一个节点的能量开始接近一个阈值时，它就会减少对数据查询和发送的参与，也就是说，只有当它认为它可以在不低于某个能量阈值的情况下完成协议的所有其他阶段时，它才参与协议运行。总之，SPIN-1 和 SPIN-2 是一种简单的协议，可以有效地传播数据。这些协议非常适合传感器网络工作的环境，因为它们基于本地邻居信息进行数据转发决策。SPIN 家族的其他协议包括：

- SPIN-BC：该协议是为广播设计的。

- SPIN - PP：该协议专为点对点通信设计，即逐跳路由。
- SPIN - EC：该协议的工作原理与 SPIN - PP 类似，但添加了能量感知。
- SPIN - RL：当一个信道误码率较高时，使用一个称为 SPIN - RL 的协议，其中对 SPIN - PP 协议进行调整，以解释有损信道。

SPIN 的一个优点是拓扑变化是局部的，因为每个节点只需要知道它的单跳邻居信息。SPIN 比洪泛更节省能量，元数据协商机制几乎可以将冗余数据减半。然而，SPINs 数据广播机制并不能保证数据的传递。考虑一种入侵检测的应用，其中节点应定期可靠地报告数据，现在假设对数据感兴趣的节点远离检测到入侵的源节点，并且源节点和目标节点之间的节点对该数据不感兴趣，则这些数据将不会被转发到目的节点。

5.2.1.2 定向扩散（Directed Diffusion，DD）

定向扩散是 C. Intanagonwiwat 等人在 2000 年提出的一种流行的无线传感器网络数据传输协议。定向扩散是一种以数据为中心（Data - Centric，DC）、与应用紧密结合的数据传输机制，传感器节点生成的所有数据都由数据属性值命名。以数据为中心的主要思想是通过将来自不同来源的数据进行网内聚合，消除冗余、最小化传输数量，从而节省网络能量并延长其寿命。与传统的端到端路由不同，DD 路由算法将从来自多个源的数据路由到单个目的地，并且允许在网络中整合冗余数据。

在定向扩散中，传感器节点感知事件发生并根据邻居节点创建信息梯度。基站通过广播请求数据，请求信息描述了网络需要完成的任务。请求信息通过网络逐跳传播，并由每个节点向其邻居广播。当请求信息在整个网络中传播时，中间节点按照接收到广播的先后设置指向基站的梯度，梯度指明了数据的属性和方向。对于某个节点不同的邻居，梯度的强度可能不同，从而导致不同优先级的信息流。图 5 - 1 是定向扩散的工作示意图，其中图 5 - 1a 是发送请求，图 5 - 1b 是构建梯度，图 5 - 1c 是数据传播。当源节点收到请求数据信息包后，可以从源节点到基站建立多条信息传输路径，源节点和目的节点之间可以通过加强其中一条路径的形式减少数据传输数量，也可以采用在传输过程中对数据进行聚合的方式，以进一步节省能耗。当基站开始从源节点接收数据后，基站定期刷新并重新发送请求数据信息包，以避免当前传输路径中断而造成的数据丢失，提高数据传输鲁棒性。

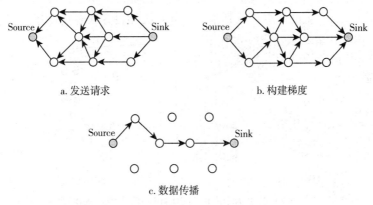

a. 发送请求　　　　　　　　b. 构建梯度

c. 数据传播

图 5-1　传感器网络定向扩散工作示意图

基于定向扩散的网络中的所有传感器节点都熟知应用的具体要求，这使得节点可以通过在网络内缓存数据、进行数据预处理、根据经验选择优化路径来节省能耗。缓存可以提高传感器节点之间协调的效率、健壮性和可伸缩性。定向扩散的另一个用途是自发地将重要事件传播到传感器网络的某些特定部分。这种类型的信息检索非常适合于持久性查询，在这种情况下，源节点源源不断传输感知到的数据。这使得它不适合一次性查询，因为为一次查询建立和维护梯度表的代价高昂。

定向扩散使用的数据汇聚算法的性能受到许多因素的影响，包括源节点在网络中的位置、源节点数量和通信网络的拓扑结构。为了研究这些因素，S. Vardhan 等（2000）研究了两个源位置模型（图 5 - 2），即事件半径（Event Radius，ER）模型和随机源

（Random Sources，RS）模型。在 ER 模型中，网络区域中的单个
点被定义为事件发生的位置，这可能对应于传感器节点正在跟踪的
车辆或其他一些现象。在该事件的距离 R（称为感知半径）内的所
有非基站节点都被视为数据源。如果网络部署密度为 n，则平均信
源数约为 $n\pi R^2$。在 RS 模型中，随机选择 k 个非基站节点作为源节
点。与 ER 模型不同的是，这些源不一定彼此靠近。定向扩散在两
种源配置模型中都表现优异，对于给定的能源供给，都可以将更多
的源节点产生的数据传输到基站，并且在能耗方面表现良好。

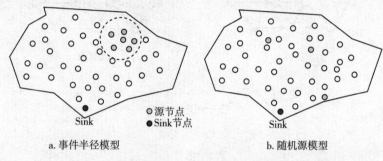

a. 事件半径模型　　　　　　　　　　b. 随机源模型

图 5-2　数据为中心的路由协议的两个源位置模型

定向扩散在两个方面与 SPIN 协议不同。首先，定向扩散应用
于基站主动查询数据的场景，而 SPIN 应用于传感器节点感知到事
件发生后，主动向基站发送数据的场景；第二，定向扩散中的所有
通信都是相邻节点进行的，每个节点都具有执行数据汇聚和缓存的
能力，与 SPIN 不同，定向扩散不需要维护全网的网络拓扑。但
是，定向扩散可能不适用于需要连续向基站提供数据的应用（例如
环境监测），这是因为查询驱动的数据获取模型在数据与查询匹配
方面需要额外的能耗。

5.2.1.3　基于谣言的路由（Rumor Routing）

RR 路由算法是定向传播的一种变体，主要用于地理位置不可
用的应用（D. Braginsky，D. Estrin，2002）。一般来说，当没有地
理位置信息可以利用时，定向扩散使用洪泛面向整个网络进行数据
查询。然而，大部分情况下，从节点获取的数据量很小，因此使用

洪泛在能源利用效率方面非常不经济。另一种方法是在事件数量较少而查询数量较大的情况下洪泛事件相关的数据，其关键思想是将查询请求转发到观察到特定事件的节点，而不是查询整个网络来检索有关正在发生的事件的信息。为了在网络中洪泛事件，谣言路由算法使用一种称为代理的长寿命数据包。当一个节点检测到一个事件时，它将该事件添加到它的本地事件表中，并生成一个代理。代理在网络中传播，以便将有关本地事件的信息传播到远程节点。当一个节点为某个事件生成查询时，知道路由的节点可以通过检查自己的事件表来响应查询。因此，事件查询无须洪泛整个网络，从而降低了通信成本。另一方面，RR 路由只在源和目的地之间维护一条路径，而不像定向扩散可以维护多条路径。仿真结果表明，与洪泛（Flooding）算法相比，RR 路由可以显著地节省能量，并且可以灵活应对节点故障。然而，RR 路由只有在事件发生数量较少的情况下才能表现良好。对于大量的事件，如果基站对这些事件没有足够的兴趣，则在每个节点中维护代理和事件表的成本会非常高。

5.2.1.4　最小成本转发算法（Minimum Cost Forwarding Algorithm，MCFA）

MCFA 算法利用了无线传感器网络的一个特点，即路由总是由传感器节点指向一个固定的基站（F. Ye et al.，2001）。因此，传感器节点不需要有唯一的 ID，也不需要维护路由表，每个节点都估算一个从自己到基站的最小通信成本。传感器节点转发的每一条信息都被广播给它的邻居。当一个节点接收到信息时，它会检查它是否在源传感器节点和基站之间的成本最低的路径上，如果在，它将信息重新广播给它的邻居，这个过程会不断重复，直到信息到达基站为止。

在 MCFA 中，每个节点都知道从自身到基站估算的最小成本路径。初始时基站广播一条信息，成本设置为零，而每个节点将其对基站的最小成本设置为无穷大。每个接收到来自基站的广播信息的节点，计算信息携带的成本估计值加上接收链路的成本，看是否小于节点当前维护的最小成本。如果是，则更新节点的最小成本和广播信息中的成本值。如果接收到的广播信息被更新，那么节点会把该信息重新发送出去；否则，这个信息将被丢弃掉，节点不做任何处理。随着算法的执行，一些部署密度较大区域内的节点或距离基站较远的节点可能会收到多次信息，从而造成通信碰撞，为了避免这种情况，MCFA 采用了退避机制，该机制规定节点在更新广播信息后，经过 $a \times l_c$ 时间单位后，节点才会把更新后的信息再次发送出去，其中 a 为常数，l_c 为接收该信息的链路成本。

5.2.1.5　基于梯度的路由（Gradient - Based Routing，GBR）

Schurgers 等（2001）提出了另一种定向扩散的变体，称为基于梯度的路由（GBR）。GBR 的关键思想是记住数据请求信息在整个网络中被扩散时的跳数。因此，每个节点可以计算一个称为节点高度的参数，即到达基站的最小跳数。节点高度与相邻节点高度之间的差异被视为该链路上的梯度。数据在梯度最大的链路上转发。GBR 使用一些辅助技术，如数据汇聚和流量扩展，以便在网络上平衡分配数据流量。当多条数据转发路由都通过一个充当中继节点的节点时，该节点可以根据某种算法汇聚数据。在 GBR 中，讨论了三种不同的数据分发技术：一是随机方案，当有两个以上的路由具有相同的梯度时，节点随机选择一个梯度；二是基于能量的方案，当节点剩余能量下降到某个阈值以下时，节点会增加其高度，此时不鼓励其他传感器节点向该节点发送数据；三是基于流的方案，新的流不通过已经是其他流路由的节点进行路由。这些方案的主要目标是在网络中取得数据转发的均衡分布，从而平均节点的能耗，延长网络总体工作寿命。GBR 的仿真结果表明，在衡量整个网络的能量利用效率方面，GBR 算法优于定向扩散。

5.2.1.6　信息驱动传感器查询（Information - Driven Sensor Querying，IDSQ）和约束各向异性扩散路由（Constrained Anisotropic Diffusion Routing，CADR）

M. Chu 等（2002）提出了两种路由技术，即信息驱动传感器查询（IDSQ）和约束各向异性扩散路由（CADR）。CADR 是定向扩散的一般形式，期望能够在时延和带宽最小的情况下最大化获取数据。CADR 通过使用一组信息准则来选择可以获取数据的传感器节点来分散查询。这是通过只激活接近特定事件的传感器并动态调整数据路由来实现的。IDSQ 与定向扩散的主要区别在于除了考虑通信成本外，还考虑了信息增益。在 CADR 中，每个节点根据本地信息/成本梯度和最终用户需求评估一个信息/成本目标并路由数据，并利用估计理论对信息效用测度进行建模。在 IDSQ 中，查询节点可以确定哪个节点可以提供最有用的信息，同时还可以平衡能量成本。然而，IDSQ 并没有明确定义查询和信息在传感器和 BS 之间如何路由。

5.2.1.7 COUGAR 算法

COUGAR 是另一个以数据为中心的数据查询协议，该协议将网络视为一个巨大的分布式数据库系统，其核心思想是使用声明式查询，将查询处理从网络层的功能中抽象出来。COUGAR 同样利用网络中的数据汇聚来取得更好的节能效果（Y. Yao，J. Gehrke，2002）。位于网络层和应用层之间的附加查询层用来支持查询的抽象化处理。COUGAR 为传感器网络建立了一个分布式数据库，传感器节点选择一个前导节点来执行数据汇聚并将数据转发到基站，基站负责生成查询计划，该计划为数据查询指定必要的数据传输和网络计算机制，并将其发送到相关节点。该算法提供了网络内的数据处理和汇聚能力，可以在查询的数据量很大的情况下提高能源效率。然而，COUGAR 也有一些缺点：首先，在每个传感器节点上添加查询层可能会在能量消耗和内存存储方面增加额外的开销；第二，为了成功进行网络内数据处理和汇聚，节点间需要时钟同步；第三，进行数据处理和汇聚的节点需要动态调整，以防它们因为过快地消耗完能源而成为一个路由空洞节点。

5.2.1.8 ACQUIRE 算法

Sadagopan 等人在 2003 年提出了一种传感器网络查询技术，称为传感器网络主动查询转发（ACtive QUery forwarding Insensor Networks，ACQUIRE）。与 COUGAR 类似，ACQUIRE 将网络视为一个分布式数据库，其中复杂的查询可以进一步划分为几个子查询。ACQUIRE 的操作可以描述如下：基站节点发送一个查询，然后由接收查询的每个节点转发。在此期间，每个节点尝试使用其预缓存的信息部分响应查询，然后将其转发给另一个传感器节点。如果预缓存的信息不是最新的，则节点在 d 跳范围内从邻居那里收集信息。一旦查询被完全解析，它将通过反向或最短路径发送回基站。因此，ACQUIRE 可以通过允许多个节点发送响应来处理复杂的查询。由于能量方面的考虑，定向扩散可能不会用于复杂的查询，因为定向扩散还使用基于洪泛（Flooding）的查询机制来进行连续和汇聚查询。另一方面，ACQUIRE 可以通过调整参数 d 的值来提供高效的查询，当 d 等于网络覆盖直径时，ACQUIRE 机制的行为类似于洪泛，但是，如果 d 太小，查询必须经过更多的跳数。当要选择下一个转发查询的节点时，ACQUIRE 可以随机选取它，也可以根据计算选择最大可能满足查询请求的邻居节点。

5.2.1.9 能量感知路由协议（Energy Aware Routing，EAR）

能量感知路由协议是一种由目的地发起的反应式协议，其目标是延长网络寿命（R. C. Shah，J. M. Rabaey，2002）。尽管该协议类似于定向扩散，但其区别在于它维护一组路径，而不是以更快的频率维护或强制选择一条最佳路径。这些路径是通过一定的概率来维持和选择的，这个概率的值取决于每条路径的能量消耗能达到多低。因为不同的时间选择的路径不同，任何一条路径的能量都不会很快耗尽，能量在所有节点之间的消耗更加均匀，这可以获得更长的网络寿命。网络生存性是该协议的主要指标。协议假设每个节点都可以通过基于分类的方式来寻址，其中包括节点的位置和类型。该协议通过本地洪泛建立源和目标之间的连接，同时发现源和目标之间的所有路由及其成本，进而建立路由表。高成本的路径会被舍弃，通过选择与其成本成正比的方式建立转发表。然后，使用转发表以与节点开销成反比的概率向目的地发送数据。与定向扩散相比，该协议整体节能 21.5%，网络寿命延长 44%。然而，这种方法需要收集位置信息并为节点建立寻址机制，这使得路由计算比定向扩散更复杂。

5.2.1.10 随机游走路由协议（Routing Protocols with Random Walk）

基于随机游走的路由协议的目标是通过在无线传感器网络中使用多路径路由来实现统计意义上的负载均衡（S. Servetto，G. Barrenechea，2002）。这种技术只考虑节点移动性非常有限的大规模网络。在该协议中，假设传感器节点可以在任意时间工作或休眠，每个节点都有一个唯一的标识，但不需要知道位置信息。网络被抽象建模为每个节点正好落在平面上规则网格的一个交叉点上，但实际拓扑结构可以是不规则的。为了找到从源到目的地的路径，节点通过使用著名的 Bellman - Ford 算法的分布式异步版本计算节点之间的距离来获得位置信息或晶格坐标。中间节点根据计算出的概率选择距离目的地较近的相邻节点作为下一跳。通过谨慎的控的这个概率，可以在网络中获得某种负载平衡。该路由算法较简单，只需要节点维护很少的状态信息。

5.2.2 层次路由协议（Hierarchical Routing）

分层或基于簇的路由最初是在有线网络中提出的一种路由技术，在可扩展性和高效通信方面具有特殊优势。因此，层次路由的概念也被用来设计无线传感器网络中的节能路由。在分层体系结构中，能量较高的节点可用于处理和发送信息，而低能量节点可用于在目标附近执行感知任务。这意味着创建簇并将特殊任务分配给簇头可以极大地提高系统的整体可扩展性、生命周期和能源效率。层次路由是一种可有效降低簇内能量消耗的方法，可通过数据汇聚和融合来减少向基站发送的信息数量。层次路由主要是两层路由，一层用于选择簇头，另一层用于路由。然而，这类技术大多不是关于路由的，而是关于"谁在何时发送或处理/汇聚信息"、信道如何分配等。

5.2.2.1 低能量自适应分簇层次路由（Low Energy Adaptive Clustering Hierarchy，LEACH）

Heinzelman 等人在 2000 年提出了 LEACH 协议。LEACH 是

一种基于簇的协议，随机选择一些传感器节点作为簇头，并使节点轮流担任这个角色，使网络中的各个传感器节点的能量负载均匀分布。在 LEACH 中，簇头节点压缩来自簇内节点的数据，并向基站发送汇聚的信息包，以减少发送到基站的信息量。LEACH 使用 TDMA/CDMA MAC 协议来减少簇间和簇内冲突。LEACH 假设数据收集是集中并定期执行的，因此，该协议适用于需要传感器网络持续监测的场景。由于用户可能不需要立即获得所有数据，因此周期性的数据传输是不必要的，因为这会大量消耗传感器节点有限的能量。在给定的时间间隔内，LEACH 重新选择簇头，是簇头节点的角色在所有节点中轮换，以获得均匀的能量消耗。根据建模和仿真，网络中只需要 5%的节点充当簇头就可以满足网络平稳运行的需要。

LEACH 的运行分为两个阶段，即设置阶段和稳态阶段。设置阶段组织分簇并选择簇头，稳态阶段节点向基站实际传输数据。为了最小化开销，稳态阶段的持续时间比设置阶段的持续时间长。在设置阶段，设簇头节点占总节点比例为 p，则每个节点选择一个 0 到 1 之间的随机数 r。如果 r 小于阈值 $T(n)$，则节点将成为当前轮的簇头。阈值由簇头比例 p、轮次 r 决定，公式如下：

$$T(n) = \frac{p}{1 - p(r \bmod (1/p))} n \in \boldsymbol{G} \qquad (5-1)$$

式中，$\boldsymbol{G}$ 是当前轮以及在最后 $1/p$ 轮中未被选为簇头的节点集。

每个被选中的簇头向网络中的其余节点广播一个广播信息，表明它们是新的簇头。所有非簇头节点在接收到这个广播后，决定它们要属于哪个簇。这个决定是基于广播的信号强度。非簇头节点通知相应的簇头它们将成为簇的成员。在接收到来自希望包含在簇中的所有节点的信息后，簇头节点根据簇内节点数量创建 TDMA 调度，并为每个簇内节点分配一个数据传输时隙，并将该调度计划广播到簇内所有节点。

在稳态阶段，传感器节点可以开始感知并向簇头发送数据。簇头节点在接收到所有数据后，在发送到基站之前对其进行汇聚和计算。运行一段时间后，网络再次进入设置阶段，进行新一轮簇头选择、分簇和时隙划分。每个簇使用不同的 CDMA 码进行通信，以减少簇间的干扰。

虽然 LEACH 能够延长网络寿命，但该协议实际应用时仍存在一些问题。LEACH 假设所有节点都能以足够的发射功率直接将数据传输到基站，并且每个节点都支持 TDMA、CDMA 等信道复用协议，这显著增加节点的成本，不利于节点的规模化生产和部署。LEACH 假设节点总有要发送的数据，彼此靠近的节点数据具有相关性，而这些假设对于某些应用并不成立。另外，LEACH 动态调整簇头的过程增加的能耗，能否抵消分簇带来的能耗节省也是一个未知数。最后，LEACH 假设节点的能量供给是相同的，未考虑到节点的异构性和节点的剩余能量水平。

5.2.2.2　传感器信息系统中的低功耗收集（Power - Efficient Gathering in Sensor Information Systems，PEGASIS)

S. Lindsey 和 C. Raghavendra 于 2002 年提出了一种对 LEACH 协议的改进，即 PEGASIS 协议。该协议的基本思想是，为了延长网络寿命，网络中节点只需与最近的邻居通信，并轮流与基站通信。当所有节点都与基站通信后，本轮数据传输结束，新一轮数据传输开始，以此类推。这降低了每轮数据传输所需的能量，因为能量消耗均匀地分布在所有节点上。因此，PEGASIS 有两个主要目标。首先，利用协同技术提高每个节点的生存期，从而提高网络的生存期。其次，只允许相邻节点之间的局部协调，从而减少通信中消耗的带宽。与 LEACH 不同，PEGASIS 避免了簇的形成，并且每次只使用一个节点直接把数据传输到基站，而不是使用多个节点。

为了在 PEGASIS 中定位最近的邻居节点，每个节点使用信号强度来测量到所有相邻节点的距离，然后调整信号强度，使得只有一个节点可以接收到信号。PEGASIS 中的链将由彼此最邻的节点组成，并形成一条到基站的路径。数据的汇聚形式可由链中的任何节点发送到基站，数据由链中的节点轮流发送到基站。链的构建是以贪婪算法的方式进行的。仿真结果表明，PEGASIS 的网络生存期比 LEACH 协议的网络生存期延长一倍。这种性能增益是通过消除 LEACH 中动态分簇所引起的开销以及通过使用数据汇聚来减少传输和接收的信息数量来实现的。虽然避免了分簇开销，但 PEGASIS 仍然需要动态调整网络拓扑，因为传感器节点需要知道其邻居的能量状态，以便知道将数据路由到何处。这种拓扑调整会带来巨大的开销，特别是对于数据量较大的网络。此外，PEGAS-IS 假设每个传感器节点都可以直接与基站通信，但在实际应用中，传感器节点一般通过多跳通信到达基站。另外，PEGASIS 假设所有节点都维护一个关于网络中所有其他节点位置信息的完整数据库，但没有描述如何获得节点位置的方法。PEGASIS 同样假设所有的传感器节点都有相同的能量水平，未考虑节点异构情况。PE-GASIS 引入链也对数据传输造成了过大的传输时延。

5.2.2.3　阈值敏感能量高效协议（Threshold - sensitive Energy Efficient Protocols，TEEN 和 APTEEN）

A. Manjeshwar 和 D. D. Agarwal 分别于 2001 年、2002 年提出了两种层次化的路由协议 TEEN 和 APTEEN（自适应周期性阈值敏感能量高效传感器网络协议）。这些协议是专为时效性要求较高的应用提出的。在 TEEN 中，传感器节点连续感知事件的发送，但数据传输的频率较低。簇头传感器向其成员发送一个硬阈值，即感知事件属性的阈值和一个软阈值，即感知事件属性值的微小变化，超过软硬阈值变化范围的感知数据才会触发节点传输数据。因此，硬阈值通过限定只有感知数据在一定范围才会被传输的方式来减少信息传输数量。软阈值通过判断感知数据是否有足够的变化进一步减少了信息传输的数量。软阈值的值越小，网络获得的数据精度越高，但会增加能量消耗。因此，用户可以在能源效率和数据精确性之间取得一个权衡。当网络的簇头要改变时（图 5 - 3a），参数的新值会被广播到整个网络。该方案的主要缺点是，如果没有接收到阈值，节点将永远无法通信，用户将无法从网络中获取任何数据。

节点不断地感知环境的变化，当感知到的数据属性第一次达到硬阈值时，节点打开射频模块并发送感知到的数据。感知到的值存放在一个称为感知值（Sensed Value，SV）的内部变量中。只有在满足以下条件时，节点才会在当前簇周期内传输数据：一是感知到的数据当前值大于硬阈值，二是感测到的数据当前值与 SV 的差值等于或大于软阈值。

TEEN 协议适用于对时效性要求较高的应用。另外，由于数据传输的能耗比数据感知要多得多，因此该方案的能量消耗比主动网络要少。为了增加网络灵活性，软阈值可以改变，在每一次重新分簇时，系统都会广播一次新的建议参数值，用户可以根据需要更改它们。

APTEEN 是一种混合协议，根据用户需求和应用类型改变 TEEN 协议中使用的阈值和数据传输周期。在 APTEEN 中，簇头广播以下参数（图 5-3b）：

• 数据属性：这是一组用户感兴趣的物理参数。

• 阈值：该参数由硬阈值（HT）和软阈值（ST）组成。

• 调度：这是一个 TDMA 调度表，为每个节点分配一个时隙。

• 时间计数（CT）：一个节点连续发送两个报告之间的最长时间段。

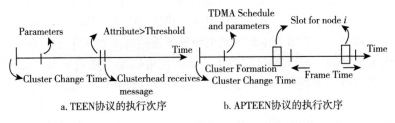

图 5-3 TEEN 协议和 APTEEN 协议的执行次序

节点连续地感知环境的变化，只有那些感知到数据属性大于等于硬阈值的节点才会发送数据。一旦一个节点检测到超过 HT 的值，它只在该属性值的变化量等于或大于 ST 的情况下传输数据。如果一个节点在一个时间计数时间段内没有发送数据，它将强制感知数据并发送该数据。簇头使用 TDMA 协议为簇内节点分配一个传输时隙。因此，APTEEN 是一个混合使用 TEEN 协议和 TDMA 的混合网络。该协议的优点有：该协议可以应用于主动或被动传输数据的传感器网络，该协议通过允许用户设置时间计数间隔（CT）提供了许多灵活性，并且可以通过改变时间计数和阈值来控制能耗。该协议的主要缺点是实现阈值函数和时间计数需要额外的开销，并且要求节点支持 TDMA 协议。对 TEEN 和 APTEEN 的仿真表明，这两种协议的性能优于 LEACH。实验表明，在能量消耗和网络寿命方面，APTEEN 的性能介于 LEACH 和 TEEN 之间。TEEN 的表现最好，因为它减少了传输的次数。

5.2.2.4　小型最小能耗通信网络（Small Minimum Energy Communication Network，SMECN）

V. Rodoplu 和 T. H. Meng（1999）提出了一种名为 MECN 的协议，该协议利用低功耗 GPS 计算某个传感器网络的能耗优化子网，即最小能耗通信网络（MECN）。MECN 为每个节点标识一个中继区域。中继区域由周围区域中的节点组成，通过中继节点进行传输比直接传输更节省能量。MECN 的主要思想是找到一个子网，它将具有较少的节点数，并且相比通过多跳的方式实现数据的传输，在任意两个子网节点之间直接传输所需的能耗也更少。这样，在不考虑网络中所有节点的情况下，找到网络全局最小功率路径。

这是在考虑节点中继区域的情况下通过对每个节点进行局部搜索来完成的。MECN 是自重构的，因此可以动态地适应节点故障或新节点的部署。小型最小能耗通信网络（SMECN）是 MECN 协议的改进。在 MECN 中，假设每个节点都可以和其他节点直接通信，但大部分情况下这是不可能的。SMECN 协议考虑了任意一对节点之间可能存在这通信障碍，但整个网络仍然被假定为完全连接，就像 MECN 协议一样。SMECN 为最小能量消耗而构建的子网比 MECN 构造的子网小得多（从图中边的数量的角度）。如果代

表传感器网络的图 G 的子图 G' 满足以下条件的话，则认为网络能量消耗更小：一是，当 G' 包含 G 的所有节点时，G' 中的边数小于 G 中的边数；二是子图 G' 中一个节点向其所有邻居发送数据所需的能量小于该节点向图 G 所有邻居节点发送数据所需的能量。假设 $r=(u, u_1, u_2, \cdots, u_{k-1}, v)$ 是节点 u 和 v 之间的一条路径，中间经过 $k-1$ 个中间节点 $u_1, u_2, \cdots, u_{k-1}$，该路径 r 的总能耗为：

$$c(r) = \sum_{i=0}^{k-1} (p(u_i, u_{i+1}) + c) \qquad (5-2)$$

式中，$u=u_0$，$v=u_k$，节点间传输数据所需的能耗为：

$$p(u,v) = t \cdot d(u,v)^n \qquad (5-3)$$

式中，t 是一个常数，n 是室外无线信号传播时的路径损耗指数，通常 $n \geq 2$，$d(u, v)$ 是两个节点之间的距离，常数 c 为接收器接收数据时的功率。SMECN 计算的子网有助于在最小能耗路径上发送消息，不过该算法计算得出的最小能耗路径通常是局部最优解，仅能保证在子网上路径的能耗是最小的。

5.2.2.5　自组织协议（Self Organizing Protocol，SOP）

Subramanian 等人在 2000 年提出了一种支持异构传感器网络的自组织协议和应用分类方法。网络中的传感器节点可以是移动的，也可以是固定的。普通传感器节点感知环境数据，并把数据传递到一组充当路由器的节点，路由器节点是固定的，是传感器网络的骨干，将来自于普通节点的数据传递到基站。每个普通节点都需要能够和某一个路由节点通信。路由节点具有全网唯一标识，而普通节点根据它相连的路由节点获取本地地址。整个路由架构是分层的，节点会按需分组或合并。局部 Markov 循环算法（Local Markov Loops，LML）是一种常用于在图上生成随机游走的生成树的算法，在本算法中用于支持容错机制和广播机制，这类似于后面讨论的基于地理位置的路由算法中创建的虚拟网格。该算法支持节点具有唯一地址，因此可以支持对特定节点数据的查询。该算法在维护路由和保持均衡的路由层次结构方面的开销较小。研究还发现，该算法广播一条消息所消耗的能量比 SPIN 协议要少。然而，该算法不是一个按需协议，在算法的组织阶段会消耗额外的能量。

5.2.2.6 节点聚合路由（Sensor Aggregates Routing，SAR）

Q. Fang 等（2003）提出了一组构建和维护传感器节点聚合的算法，目标是在特定的环境（目标跟踪应用等）中协同监视目标的活动。SAR 算法从为感知和通信分配资源的角度讨论了适当的传感器节点聚合方式。感知区域中的传感器节点根据其检测到的信号强度被分成簇，每个簇只有一个信号峰值，然后选出本地簇头节点。一个信号峰值可能代表检测到一个目标，多个目标，或者虚假目标（信号峰值由干扰产生）。为了选出簇头，相邻节点需要互相进行信息交换。如果一个节点在与它的所有单跳邻居交换数据后，发现它感知到的信号比所有邻居的信号强度都要高，它将选择自己成为簇头节点。这种基于簇头的跟踪算法假设簇头可以获知协同感知区域的地理信息。

节点聚合算法有三种：第一种是轻量级、用于为目标监控任务生成传感器节点聚合集的分布式协议，称为分布式聚合管理（Distributed Aggregate Management，DAM）。该协议包括一个决策策略 P，用于每个节点决定是否应该参与聚合，以及关于如何将分组策略应用于节点的消息交换方案 M。节点根据自身的感知数据和邻居交换过来的信息确定它是否属于某个聚合集。当这个过程最终收敛时，就会形成最终聚合节点集。第二种算法，基于能量的活动监测（Energy-Based Activity Monitoring，EBAM）算法，通过计算信号的影响面积来估计每个节点的能量水平。第三种算法，期望最大似然活动监测（Expectation-Maximization Like Activity Monitoring，EMLAM），取消了节点具有恒定和相同能量水平的假设。EMLAM 利用接收到的信号估计目标位置和信号能量，并使用由此产生的估计值来预测来自目标的信号如何在每个传感器节点处混合，这个过程迭代下去，直到生成足够好的估计值。

分布式航迹管理方法与 T. Imielinski 等（1999）描述的基于簇

的跟踪算法相结合，形成一个可扩展的目标跟踪系统。在目标不受干扰的情况下，该系统能很好地跟踪多个目标，并且当目标发生分离时，能够快速从目标间干扰中恢复。

5.2.2.7　虚拟网格结构路由（Virtual Grid Architecture routing，VGA）

Jamal N. Al - Karaki 等（2004）提出了一种利用数据汇聚和网络内信息处理最大限度地延长网络寿命的路由算法。在无线传感器网络的许多应用中，由于节点静态特点和极低的移动性，一个合理的方法是以固定拓扑形式安排节点。S. Meguerdichian 等（2001）提出了一种不依赖于 GPS 的构建固定、相等、相邻、不重叠且形状对称的簇的方法。N. Bulusu 等（2001）利用正方形的簇来获得固定的直线虚拟拓扑。在每个正方形区域内，选择一个节点作为簇头。数据汇聚在两个层次上执行：本地和全局。簇头负责执行本地的数据汇聚，而一些簇头集合的子集负责执行全局汇聚。然而，如何确定一个最优的执行全局数据汇聚的子集是一个 NP - hard 问题。图 5 - 4 显示了固定分区的示例以及用于执行两级数据汇聚的虚拟网格结构（VGA），注意基站的位置不一定在网格的中间或边上，实际上可以位于网格内任意位置。

Jamal N. Al - Karaki（2004）提出了两种解决数据汇聚路由问题的策略：一种算法使用整数线性规划（Integer Linear Program，ILP）得到精确解，另一种算法可以得到一些近似最优解，但更简单高效，即基于遗传算法的启发式算法、k -均值启发式算法和基于贪婪的启发式算法。对于一个现实的场景，假设簇头节点集合可能是一个重叠的群。每个小组的成员都感知到相同的现象，因此它们的数据是相关的。Jamal N. Al - Karaki 等（2004）还提出了另一种高效的启发式算法，称为基于聚类的聚合启发式算法（Clustering - Based Aggregation Heuristic，CBAH），以便网络能耗最小化，延长网络寿命。所有算法的目标都是从簇头节点集合中选择多个执行全局数据汇聚的自己，使网络寿命最大化。CBAH 协议将执行全局汇聚的子集分配给执行本地汇聚的簇头集合类

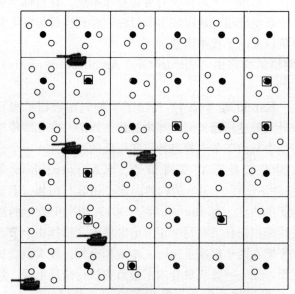

Base-Station

○ 传感器节点　　●本地聚合节点　　◉集中聚合节点

图 5 - 4　固定分区和虚拟网格

似于经典的装箱问题，因此是 NP - Hard 问题，但主要区别在于，不知道每个全局汇聚节点接收不同局部汇聚簇头数据的特性和功率大小。CBAH 算法根据增量填充的近似解来选择执行全局汇聚的簇头集合，可以得到一种具有快速收敛和可扩展的近似最优解。

5.2.2.8　层次化能量感知路由（Hierarchical Power - aware Routing，HPAR）

Q. Li 等（2001）提出了一种层次化能量感知路由协议，该协议将网络中节点划分为组，地理位置接近的每组传感器被聚集在一起看作一个区域，每个区域被视为一个实体。为了减少系统能耗，每个区域都采用层次化跨区域的路由算法以节省能耗。数据沿着剩余能量最大的路径转发，该路径称为最大最小路径，其出发点是，与具有最小能耗的路径相比，使用具有高剩余能量的节点转发数据可能会更昂贵。B. Warneke 等（2001）提出了一种近似算法，称为 max - min zPmin 算法。该算法的关键是取得总能耗最小化和网络剩余能量最小值（即剩余能量最小的节点的能量值）最大化之间的权衡。因此，该算法试图通过限制能耗来增强 max - min 路径：首先，该算法利用 Dijkstra 算法寻找功耗最小的路径；其次，该算法计算一条使网络中最小剩余能量最大化的路径。

Q. Li 等（2001）提出了另一种依赖于 max - min zPmin 的基于小区的路由算法。基于校区的路由是一种层次化的路由算法，网络覆盖的区域被划分为较小的小区。为了跨整个区域发送数据，节点需要计算一条从小区到小区的全局路径。小区内的传感器节点自主计算本地路由，并估算小区剩余能量水平。跨小区的数据转发路由根据小区剩余能量水平计算得出。网络会指定一个节点充当小区管理者的角色，一般这个节点是具有最高能量供给的节点。如果网络划分的小区较少，则全局路由算法的规模将减小。每个小区的剩余能量估计值汇总后作为发送数据所需的全局信息，并会建立一个以小区作为顶点的连通图，利用改进的 Bellman - Ford 算法计算全局路由。

5.2.2.9　两层数据分发协议（Two - Tier Data Dissemination，TTDD)

Fan Ye 等（2002）提出了一种名为两层数据分发协议（TTDD）的算法，为多个移动基站提供数据传输。TTDD 假设传感器节点是静止的并且知道自己的物理位置，每个数据源主动把网络构造成一个网格状结构，利用该结构将数据发送到移动基站。一旦检测到事件发生，事件周围的节点获得感知信号，其中一个节点作为数据源向移动基站发送数据，为了构建网格状结构，数据源选择自己作为网格的起始交叉点，并使用简单的贪婪地理转发方法向其四个相邻交叉点中的每一个发送一条数据公告消息。当消息到达最接近交叉点的节点时（消息中指定），消息的转发将被停止。

在此过程中，每个中间节点存储源节点信息，并进一步将消息转发到其相邻的交叉点（消息来自的交叉点除外）。过程不停重复下去，直到消息到达网络边界处。选择存储源信息的节点成为分发点。经过这一过程，网络被组织成了网格状结构，基站可以通过网格生成一个查询，查询将被转发到离基站最近的数据分发点后，数据将被沿着反向路径发送给基站。由于基站是移动的，TTDD 使用了基于轨迹的转发策略。TTDD 是一种能源效率很高的路由方法，但是对于该算法如何获得建立网格结构所需的地理位置信息仍然存在一些问题。TTDD 中转发路径的长度大于最短路径的长度。TTDD 认为路径长度虽然不是最优，但该算法的可扩展性更好。和定向扩散相比，TTDD 的生命周期更长，数据传输更小。但TTDD 需要精度较高的节点定位算法，这会带来额外的能耗，并且节点的高精度定位仍是一个有待解决的问题。

5.2.3 基于地理位置的路由协议（Location Based Routing）

在这类路由算法中，传感器节点通过其物理位置来寻址。相邻节点之间的距离可以根据输入信号的强度来估计。相邻节点的相对坐标可以通过在相邻节点之间交换位置信息来获得。或者，如果节点配备了小型低功率 GPS 接收器，则可以通过使用 GPS 或其他定位系统来直接获得节点的位置。为了节省能量，一些基于物理位置的算法要求节点在没有活动的情况下进入休眠状态。E. Y. Xu 等（2001）讨论了如何以分布式的方式使节点进入休眠并自动唤醒的调度策略。

5.2.3.1 基于地理位置的自适应精确路由算法（Geographic Adaptive Fidelity，GAF）

E. Y. Xu 等（2001）提出的 GAF 是一种能量感知的基于位置的路由算法，主要用于移动 Ad Hoc 网络，但也可以用于传感器网络。网络区域首先被划分为固定小区并形成一个虚拟网格。在每个小区内，节点相互协作，扮演不同的角色。例如，小区内节点将选择一个节点保持在清醒状态，其他节点进入休眠状态。清醒节点负责感知数据，并代表小区内节点向基站报告数据。因此，GAF 通过强制网络中冗余节点休眠来节省能量，同时又不会影响路由精确度。每个节点根据其 GPS 得到的物理位置将自己与虚拟网格中的一个点相关联，与网格上同一点相关联的节点被认为在路由方面的开销是等价的。根据这种等价性，特定网格小区内的某些节点就可以处于休眠状态以节省能量。因此，网络中节点数量越多，利用 GAF 算法可以获得更长的网络工作寿命。GAF 中定义了节点的三种状态，包括发现状态，在此状态节点确定网格中的邻居；活动状态，节点主动参与路由和数据转发；休眠状态，节点关闭射频单元，不在参与数据的接收和转发。为了处理节点的移动，网格中的每个节点都会估计其离开网格的时间，并将其发送给相邻节点。休眠的邻居会相应地调整他们的休眠时间，以保证路由的正确。在活动节点离开之前，某一个休眠节点被唤醒并充当活动节点。如图 5-5 显示了可用于传感器网络的固定分区示例，类似于 E. Y. Xu 等（2001）提出的方法。E. Y. Xu 等（2001）将网络覆盖区域分成相同大小的正方形小区，称为一个簇。簇大小取决于所需的发射功率和通信方向。如果信号有效传播距离为 r，则簇的边长为 $a = \dfrac{r}{\sqrt{5}}$ 时，可以保证垂直和水平方向的正常通信。为了实现对角

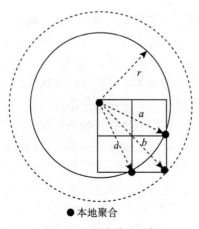

● 本地聚合

图 5-5　固定分区示例

线通信，信号强度必须能够跨越 $b=\dfrac{r}{2\sqrt{2}}$ 的距离。GAF 算法的关键是如何调度节点成为簇头节点。簇头可以要求簇内节点处于活动状态并收集数据，簇头还负责从簇内其他节点接收原始数据并将其转发给基站。仿真结果表明，GAF 算法在时延、丢包率方面与普通 Ad Hoc 路由协议相当，但可以通过节点的节能策略而显著提高网络工作寿命。尽管 GAF 是一种基于地理位置的协议，它也可被看成一种层次路由协议，其中分簇是基于地理位置的。对于每个特定的簇，一个具有代表性的节点充当簇头完成数据的汇聚和转发。

5.2.3.2 地理和能量感知路由（Geographic and Energy Aware Routing，GEAR）

Y. Yu 等人在 2001 年讨论了利用地理位置信息将查询分发到适当的区域，因为数据查询通常包括地理属性，该协议被称为地理和能量感知路由（GEAR），它使用能量感知和基于地理位置的邻居选择启发式方法将数据路由到目的区域。其核心思想是把数据请求转发到特定区域而不是整个网络，限制数据请求的数量和范围，这样做可以使 GEAR 的能耗远小于定向扩散。

GEAR 中每个节点维护一个估计成本和通过其邻居到达目的地的学习成本。估计成本是剩余能源和到目的地距离的组合。学习成本是绕过网络空洞的路由的估计成本。当一个节点与目标区域之间没有比自身更近的邻居时，就会出现路由空洞。如果没有路由空洞，估计成本等于学习成本。每次分组到达目的地时，学习成本反向传播回去，以便调整下一个分组的路由设置。该算法分为两个阶段：向目标区域转发数据包：在接收到数据包时，节点检查其邻居是否有一个比自身更靠近目标区域的邻居。如果有多个，则选择距离目标区域最近的邻居作为下一跳。如果它们都比节点本身更远，这意味着存在一个路由空洞。在这种情况下，根据学习成本函数选取其中一个邻居来转发数据包。在区域内转发分组：如果分组已经到达该区域，则可以通过递归地理转发或受限的洪泛以把分组转发给目的节点。当节点部署不密集时，受限的洪泛效果更好。在高密度网络中,递归地理转发比受限洪泛更节能。在这种情况下,该区域被划分为四个子区域,并创建分组的四个副本。该过程持续下去直到目的节点收到分组。

Y. Yu 等(2001)比较了 GEAR 和类似的非能量感知路由协议 GPSR(B. Karp, H. T. Kung, 2000), GPSR 是地理路由中较早使用平面图解决空洞问题的一个协议。GPSR 中数据包沿着平面图的周长来确定它们的路由。虽然 GPSR 方法减少了节点应该保持的状态数,但它是为一般的移动 Ad Hoc 网络设计的路由协议,并且需要定位服务来获取地理位置和节点标识。相比 GPSR, GEAR 不仅降低了路由计算的能耗,而且在数据包传输方面比 GPSR 性能更好。仿真结果表明,如果数据包传输满足泊松分布, GEAR 比 GPSR 多发送 70%~80% 的数据包,满足均匀分布时, GEAR 比 GPSR 多传送 25%~35% 的数据包。

5.2.3.3 MFR、DIR 和 GEDIR

Stojmenovic 和 Lin(1999)描述并讨论了基本的本地局部路由算法,这些算法一般基于距离、梯度或方向转发数据,关键问题是数据转发时前进的方向和碰到问题后退避的方向,一个源节点或任何中间节点都会根据一定的标准来选择它的一个邻居作为下一跳节点。属于这一类的路由方法有半径内最贪婪算法(Most Forward within Radius, MFR)、地理距离路由算法(Geographic Distance Routing, GEDIR, 一种贪婪算法的变种)、两跳贪婪算法、交替贪婪算法、指南针路由方法算法(Compass Routing method, DIR)。GEDIR 算法是一种贪婪算法,它总是将数据包转发到距离目的节点距离最近的邻居,当数据包连续两次经过同一个邻居时,算法失败。在大多数情况下,MFR 和贪婪方法具有相同的路由。在 DIR 算法中,最佳邻居是与本节点和目的节点之间向量的夹角最小的邻居节点,也就是说,需选择与连接当前节点和目的地的假想线具有最小角度的邻居作为下一跳节点。在 MFR 算法中,最佳邻居是使点积 $\overline{DA} \cdot \overline{DS}$ 最小的邻居节点,其中 S 和 D 分别是源节点和目的节点,$\overline{SD}$ 表示节点 S 和 D 之间的欧氏距离。这些算法在转发过程中碰到重复节点后都会终止。GEDIR 和 MFR 算法不会出现环路，DIR 算法无法避免环路，除非算法记住过去的路由或引入时间戳对路由进行控制。

Stojmenovic 和 Lin（1999）比较了这些算法，仿真结果表明三种基本算法在数据成功转发率和可扩展性方面性能类似，在 99% 以上的情况下，MFR 和贪婪算法选择相同的下一跳邻居节点，并且大多数情况下选择的路由完全相同。

5.2.3.4　基于贪婪的自适应面路由算法（Greedy Other Adaptive Face Routing，GOAFR）

F. Kuhn 等（2003）提出了一种结合贪婪和面路由的几何距离自组织路由算法。GOAFR 的贪婪算法总是选择距离目的节点最近的邻居作为下一跳节点，然而，这种转发方式很容易陷入局部极小值，即没有邻居比当前节点更接近节点。其他面路由（Other Face Routing，OFR）是面路由（Face Routing，FR）的一个变种。FR 算法是第一个保证源和目的地成功建立路由的算法。然而，FR 的最坏情况下路由成本与网络的节点数成正比。在最坏的情况下，表现更好的算法是自适应面路由（Adaptive Face Routing，AFR）算法，但在一般情况下 AFR 不是最有效的算法。OFR 利用平面图的面结构，通过遍历一系列的面边界，将消息从节点 S 路由到节点 T。其目的是通过使用几何平面找到边界上的最佳节点，即距离目标 T 最近的节点。简单贪婪算法在密集部署的网络中表现良好，但在稀疏网络中非常容易失败。GOAFR 的仿真结果表明该算法在最坏情况下可以找到最优路由，在一般情况下转发效率也较高，总体性能优于 GPSR 或 AFR 等其他著名算法，但还可以通过改进进一步提高平均情况下的性能。

5.2.3.5　SPAN

另一种基于位置的算法是 B. Chen 等（2002）提出的 SPAN，该算法根据节点的位置选择一些节点作为协调节点，协调节点形成一个网络主干，用于转发消息。如果一个非协调节点的两个邻居不能直接或通过一个或两个协调节点（3 跳可达性）到达另一个节

点，则该节点应成为协调节点。新旧协调节点不一定是邻居，因为
这需要在复杂的 SPAN 算法中保持 2 跳或 3 跳的邻居的位置，这
会使算法的能量效率降低。

5.3 贪婪转发及空洞问题

贪婪转发策略是无线传感器网络中基于地理位置的路由算法中
非常重要的一种，但是该算法会遭遇到路由空洞问题。本章从理论
上分析了路由空洞在规则部署和随机部署情况下的存在概率，并得
出了随机部署情况下随机建立的路径会遭遇到路由空洞的概率，并
提出了一种带有退避机制的贪婪转发算法。通过分析可以得出，当
网络中节点的平均邻居数大于 10 时，该算法足以满足大部分无线
传感器网络的需要。

5.3.1 问题的提出

在无线传感器网络中，产生数据的源节点通过多跳的方式把数
据传递给用户节点或 Sink。由于网络部署的随机性和节点工作状
态的不稳定，为节点预先定义一个多跳的路由显然是不现实的，同
时由于无线传感器网络的固有特点，需要寻找一种高效低能耗的路
由方式。

很多无线传感器网络的应用需要节点知道自己的物理位置，因
此基于地理位置的路由策略在无线传感器网络中得到了大量的研
究，而其中贪婪转发（Greedy Forwarding，GF）算法更是由于它
的简单性和高效率而获得了人们的重视。贪婪转发策略的基本思想
是，当中间转发节点接收到父节点发来的数据时，它从自己的邻居
节点中挑选一个满足转发条件的节点并把数据发送给它，这个过程
一直持续下去直到数据包最终到达 Sink 为止。

贪婪转发策略有多种方式，第一种是最近节点优先，即中间转
发节点从所有的邻居中选取一个距离 Sink 最近的节点，然后把数
据包转发给它。第二种可以称为罗盘策略，中间转发节点首先计算

所有邻居与源节点和 Sink 之间的连线的距离，然后选取一个距离最近的节点并把数据转发给它。第三种以 MFR 算法为代表，以源节点和 Sink 之间的物理直线为节点选取标准，选取在这条直线上推进最快的邻居节点作为自己的下一跳节点。第四种是随机从距离 Sink 比自己近的邻居节点中挑选一个作为下一跳节点，并把数据包转发给它。

由于 GF 算法只需要节点维护邻居节点的位置信息（这可以通过节点之间周期性相互交换 HELLO 信息包来实现），不需要节点维护庞大复杂的路由信息，同时节点选路时，也不需要做一些复杂的路由查询，因此这种算法简单易行，十分适合应用于节点的运算能力和存贮能力都十分有限，并且因为节点周期性休眠而造成网络拓扑变化剧烈的传感器网络领域。但是，这种算法也有一个缺点，那就是在数据包的转发过程中会遭遇到路由空洞节点的问题。所谓路由空洞节点指那些所有的邻居距离 Sink 的距离都比自己远的节点。此时，该节点将找不到合适的下一跳节点转发数据，路由建立过程将被中断。

为了避免 GF 算法中的路由空洞问题，人们提出了很多种改进的算法，这些算法可以称为面路由协议，即网络中的节点根据连通情况建立一个平面连通图，可以是一个 RNG 图或 GG 图，当数据包到达路由空洞时，该节点根据右手法则，沿着包容该空洞地区的一个平面图的圆周转发分组，直到到达目的地或者可以重新开始执行 GF 算法。该算法可以保证每次都能成功建立一条到达 Sink 的路径，但是由于需要计算和存贮平面图信息，算法比较复杂。

与前人的工作不同的是，本章没有试图提出一种新的路由空洞避免机制，而尝试解决两个以前人们没有注意到的问题：一是在一个随机部署的网络中，路由空洞节点存在的概率；二是路由空洞节点对传感器网络的性能的影响。本章首先分析在一个网格状部署的网络中，存在路由空洞问题的概率为零，然后分析了在一个随机部署的网络中，路由空洞问题出现的概率，和路由空洞问题对网络采用 GF 算法的影响。通过推导我们发现，在一个平均邻居数大于

10 的网络中，路由空洞对网络的影响是很小的，带有退避改进的 GF 算法成功建立一跳通向 Sink 的路径大于 95%，而这对大多数无线传感器网络的应用来说已经足够了。

5.3.2　相关工作

基于位置的路由算法需要节点定位算法的支持，节点的定位在无线网络中是一个很重要的研究课题。为每个节点配备 GPS 接收器是一种最简单的方法，但是这样会增加节点的成本，并且 GPS 信号容易收到天气和地形的影响。在大部分的定位算法中，只有锚节点配备有 GPS 信号接收器，其余节点根据自己与锚节点之间的相对位置计算出自己的物理位置，相对位置信息可以根据 TOA、TDOA、RSSI 和超声波等手段获得。

面路由协议是一种专门为了解决路由空洞问题而提出的 GF 路由协议，GPSR 是其中的代表。为了解决路由空洞，GPSR 算法需要根据邻居信息计算出一个平面连接图，如 RNG 图或 GG 图等。RNG 图的定义如下：当节点 U 和 V 之间的距离 d（U，V）小于等于其他任意节点 W 分别和 U、V 之间的距离时，U、V 之间存在一条边，以数学公式表达即为：

$$\forall W \neq U,V:d(U,V) \leqslant \max[d(U,W),d(V,W)] \quad (5-4)$$

GG 图的定义如下：当没有任何其他节点位于以 U、V 之间的距离为直径的圆内时，U、V 之间存在一条边。以数学公式表达即为：

$$\forall W \neq U,V:d^2(U,V) < [d^2(U,W)+d^2(V,W)] \quad (5-5)$$

图 5-6 和图 5-7 分别显示了 RNG 图和 GG 图的构造原则。图 5-6 中以节点 U、V 为圆心的圆表示两节点的通信覆盖区域，阴影部分是两个通信圆的交集，只有当阴影部分不存在别的节点时，U、V 之间才会存在一条边。图 5-7 中阴影部分表示表示以节点 U、V 的直线为直径的圆，只有阴影部分不存在别的节点时，U、V 之间才会存在一条边。

GPSR 算法的基本思想是：当节点可以根据贪婪转发策略转发

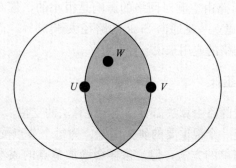

图 5-6　RNG 图的构造原则

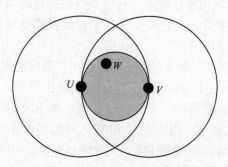

图 5-7　GG 图的构造原则

数据时，优先采取贪婪转发策略。如果数据包抵达的节点是一个路由空洞节点，比如节点 X，X 首先确定和直线 XD（D 为目的节点）相交、且以 X 为一顶点的平面图，然后把数据转发给按照逆时针方向和直线 XD 不相交但最靠近的下一跳节点（直线 XD 的信息携带在包头中），如图 5-8 所示。如果下一跳节点仍然为路由空洞节点，这个过程将持续下去，如果下一跳节点不再是路由空洞节点，路由策略将重新转回贪婪转发策略。这种算法虽然可以保证找到一条数据源节点和 Sink 之间的路径，但是算法比较复杂，对节点的运算能力和存贮能力要求较高。

GEAR 协议采取了基于 Richard Korf（1990）的理论来回避在贪婪转发过程中遇到的路由空洞节点。设目标区域区域为 R，查询

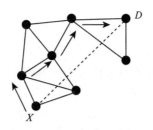

图 5 - 8　GPSR 平面路由示意图

包为 P，中间节点为 N，设目标区域的中心为 D。在 GEAR 协议中，每个中间节点 N 维护一个经验转发代价（learned cost）H $(N，R)$，并且不定期地把自己的经验转发代价告知自己的邻居。若节点 N 没有邻居节点 N_i 的经验转发代价，它就给计算一个这个邻居的估计转发代价（estimated cost）c $(N_i，R)$，作为 N_i 的经验转发代价的缺省值，c $(N_i，R)$ 的计算公式如下所示：

$$c(N_i, R) = \alpha d(N_i, R) + (1-\alpha)e(N_i) \qquad (5-6)$$

式中，α 是一个可调整的因子，d $(N_i，R)$ 表示 N 的邻居节点距 D 的最大值，e (N_i) 表示 N 的邻居节点能量消耗的最大值。当一个节点选好下一跳节点时，它会更新自己的经验转发代价 H $(N，R)$，H $(N，R)$ = h $(N_{\min}，R)$ + c $(N，N_{\min})$。其中，h $(N_{\min}，R)$ 代表下一跳节点的经验转发代价，c $(N，N_{\min})$ 代表从 N 到 $N_{\min}$ 的能量消耗。计算出每个节点的经验转发代价以后，当某一节点 N 没有邻居节点到 D 的距离比自己更近时，将选取一个经验转发代价最小的节点作为下一跳节点，把数据包转发给它。这样，就可以有效避免基于地理位置的路由协议的空洞现象。

G. G. Finn（1987）、I. Stojmenovic 和 X. Lin（2001）提出利用有限范围洪泛的方法来解决路由空洞问题，当数据包到达路由空洞节点时，该节点在 n 跳范围以内发出洪泛查询包，距离 Sink 比该路由空洞节点近的节点返回答复包，然后路由空洞节点从中选取一个距离 Sink 最近的节点，把数据包发送给它，由它接着转发数据，洪泛范围 n 的选取取决于网络的拓扑和期望的路由算法的鲁棒性。

Guoliang Xing 等（2004）证明了当整个部署区域处在传感器节点的完全监测之下，并且节点的通信半径和感知半径之比大于 2 时，GF 算法可以保证在任意的源节点和 Sink 之间建立一条转发路径，并且作者提出了一种新的贪婪算法 BVGF，BVGF 算法首先根据网络节点的分布产生一个 voronoi 图，每个 voronoi 单元包含一个节点，只有那些 voronoi 单元和从源节点到 Sink 的直线相交或边重复的节点才有可能作为转发节点，每个中间节点从自己邻居中的转发节点挑选一个距离 Sink 最近的作为下一跳节点，已有研究证明该算法可以得到更短的转发路径（Christian B. H. Hartenstein, Xavier Perez－Costa，2002）。在本书的工作中，我们考虑更一般的部署情况，并且得出类似的结论。

5.3.3 系统模型

本节将分别讨论在网格状部署的网络和随机部署的网络中，存在路由空洞节点的概率，以及按照 GF 算法建立路径时，遭遇到路由空洞节点的概率。首先定义节点的邻居集和路由空洞问题。

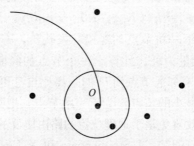

图 5－9　一个路由空洞节点的例子

设节点的传输半径为 r，则节点的邻居集指那些在二维平面上与节点的距离小于 r 的所有节点的集合。

对节点 O 来说，如果用 $\mathbf{Nr}(O)$ 表示节点 O 的邻居集，则：

$$\mathbf{Nr}(O) = \{V \mid distance(V,O) < r\} \qquad (5-7)$$

GF 算法中的路由空洞节点，指那些位于转发路径上的节点，它的所有邻居集中的节点与 Sink 的距离，都大于该节点本身与 Sink 的距离，从而造成数据包因为找不到下一跳节点而无法转发。

如图 5-9 所示，节点 O 是路由空洞，当且仅当：

$$distance(V,\text{Sink}) > distance(O,\text{Sink}) \quad v \in \boldsymbol{Nr}(O) \quad (5-8)$$

5.3.3.1　网格状网络

首先考虑规则的网格状网络拓扑模型。如图 5-10 所示，在一个最简单的网络拓扑中，每个节点具有四个邻居。本节将证明，在该拓扑中，不存在路由空洞问题。

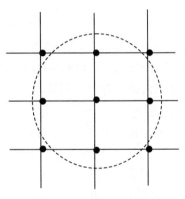

图 5-10　网格状拓扑

定理 5-1：在图 5-10 所示网格状拓扑中，不存在 GF 算法中的路由空洞节点问题。

证明：如图 5-11 所示，O 为网络中任一节点，D 为 Sink 节点，O 的覆盖半径为 r，以 D 为圆心，以 OD 之间的距离 l 为半径的圆与节点 O 的覆盖范围相交于 A、B 两点，和直线 OD 相交于 X 点。如果节点 O 是路由空洞节点，那么在扇形区域 OBXA 中必须没有任何邻居节点。由于 $\angle BOA = 2\arccos\ (r/2l)$，并且 $l > r$，所以，只有 $\angle BOA$ 永远大于 $\dfrac{2\pi}{3}$ 时，才有可能造成节点 O 是路由空洞

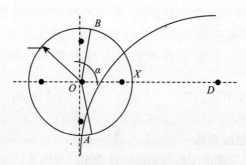

图 5-11　节点 O 在网格状拓扑中的邻居

节点。但是在图 5-11 所示的拓扑中，两个相邻的邻居节点与节点 O 之间的夹角为 $\frac{\pi}{2}$，这样将永远不可能出现扇形区域 $OBXA$ 不存在邻居节点的情况，所以节点 O 不可能是路由空洞，命题得证。

推论 5-1：在规则部署的二维网络拓扑中，每个节点至少需要有 3 个邻居节点才可以避免路由空洞问题。

5.3.3.2　随机部署网络

随机部署的网络拓扑将更为复杂，为了简便起见，假设节点的部署服从均匀分布，其他类型的分布也可以采用相似的分析方法。同时假设节点的覆盖半径为 r，每个节点平均有 $\hat{N}$ 个邻居。首先，推断一个节点成为路由空洞的概率。

定理 5-2：具有 $\hat{N}$ 个邻居的节点成为路由空洞的概率为：

$$pr = \left[\left(\frac{\pi r^2}{2} - r^2 \arcsin \frac{r}{2l} + 2l^2 \arcsin \frac{r}{2l} - \frac{1}{4} r \sqrt{2l^2 - r^2} \right) / \pi r^2 \right]^{\hat{N}}$$

$$\approx \left(\frac{1}{2} - \frac{1}{\pi} \arcsin \frac{r}{2l} \right)^{\hat{N}} \qquad (5-9)$$

式中，r 为节点 O 的覆盖半径，l 为节点 O 和 Sink 之间的距离。

证明：如图 5-12 所示，如果 O 为路由空洞，那么它的所有邻居都位于区域 BXAO 内，区域 BXAO 的面积为 $\frac{\pi r^2}{2} - r^2 \arcsin \frac{r}{2l} + 2l^2 \arcsin \frac{r}{2l} - \frac{1}{4} r \sqrt{2l^2 - r^2}$，因此一个节点位于区域 BXAO 的概

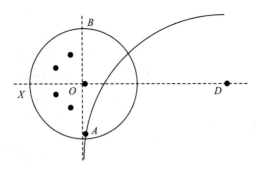

图 5-12 节点 O 为一个路由空洞时的邻居

率 为 $\left[\left(\dfrac{\pi r^2}{2}-r^2\arcsin\dfrac{r}{2l}+2l^2\arcsin\dfrac{r}{2l}-\dfrac{1}{4}r\sqrt{2l^2-r^2}\right)/\pi R^2\right]$，而

所有 $\hat{N}$ 个邻居都位于区域 BXAO 的概率为：

$$pr=\left[\left(\frac{\pi R^2}{2}-R^2\arcsin\frac{R}{2l}+2l^2\arcsin\frac{R}{2l}-\frac{1}{4}r\sqrt{2l^2-R^2}\right)/\pi R^2\right]^{\hat{N}}$$

$$\approx\left(\frac{1}{2}-\frac{1}{\pi}\arcsin\frac{R}{2l}\right)^{\hat{N}}$$

推论 5-2：具有 $\hat{N}$ 个邻居的节点 O 成为路由空洞的概率的上下限为：$(1/3)^{\hat{N}}<Pr<(1/2)^{\hat{N}}$

证明：由式 5-9 可知，当节点 O 与 Sink 之间的距离 l 趋于 r 时，这时将得到节点 O 成为路由空洞的概率的最小值 $(1/3)^{\hat{N}}$，l 趋于无穷大时，得到概率的最大值 $(1/2)^{\hat{N}}$，命题得证。

由式 5-9 可以看出，一个节点成为路由空洞的概率是它的邻居数和距 Sink 的距离的函数，当节点部署在一个无穷大的区域时，它成为一个路由空洞的概率为 $(1/2)^{\hat{N}}$。下面，将考虑如果节点部署在一个矩形区域内时的概率分布情况。

定理 5-3：在一个 $a\times b$（$a>b$）的矩形区域内，节点按照均匀分布的方式随机部署，那么任一节点 O 成为路由空洞的概率为：

$$P_r\approx\int\left(\frac{1}{2}-\frac{1}{\pi}\arcsin\frac{r}{2l}\right)^{\hat{N}}f(l)dl \tag{5-10}$$

其中

$$f(l) =$$

$$
\begin{cases}
\dfrac{4l}{a^2b^2}(\dfrac{\pi}{2}ab - al - bl + \dfrac{1}{2}l^2) & 0 \leqslant l < b \\[3mm]
\dfrac{4l}{a^2b^2}(ab\arcsin\dfrac{b}{l} - al + a\sqrt{l^2 - b^2} - \dfrac{1}{2}b^2) & b \leqslant l < a \\[3mm]
\dfrac{4l}{a^2b^2}(ab\arcsin\dfrac{a}{l} + a\sqrt{l^2 - b^2} - \dfrac{1}{2}b^2 - ab\cos\dfrac{a}{l} \\[3mm]
\quad + b\sqrt{l^2 - a^2} - \dfrac{1}{2}a^2 - \dfrac{1}{2}l^2) & a \leqslant l < \sqrt{a^2 + b^2}
\end{cases}
$$

为节点与 Sink 之间的距离 l 的分布函数。

证明：在一个矩形区域内一个随机游走的点游走距离的分布函数 f (l)，同样可以认为是矩形区域内两个随机选择的点之间的距离的分布函数（Christian B. H. Hartenstein et al.，2002）。因此根据函数 f (l)，再根据条件概率分布公式，可以得出式 5 - 10，命题得证。

由式 5 - 10 可以看出，节点成为路由空洞的概率随着邻居数 $\hat{N}$ 的增大而减小，同时也随着部署区域的增大而增大。图 5 - 13 是根据仿真得到的概率曲线图。图中节点的通信半径为 30m，节点部署

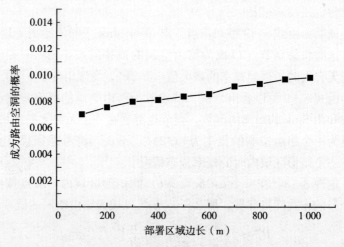

图 5 - 13　概率随网络规模的变化

在一个 500m×500m 的区域内，节点的平均邻居数从 7 个增加到 20 个。在图 5 - 14 中，节点的通信半径仍为 30m，节点的平均邻居数为 10 个，节点的部署区域为正方形，边长从 100m 增加到 1 000m。从图中可以看出，概率随网络的规模变大而逐步变大，但是增大的趋势并不明显，随平均邻居数的增加而减小，且减小剧烈。总体来说，节点成为路由空洞节点的概率是非常小的。

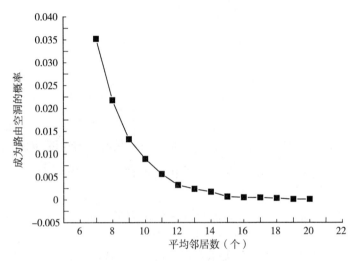

图 5 - 14　概率随平均邻居数的变化

定理 5 - 4：一条随机选择的两点间依据 GF 算法建立的路径会遭遇到路由空洞的概率为：

$$P_{path} = (1 - P_r)^{\hat{H}} \qquad (5 - 11)$$

其中，$\hat{H} = \left| \dfrac{(2\hat{N}+1)\int lf(l)dl}{2\hat{N}r} \right|$ 为路径的平均跳数。

证明：如图 5 - 15 所示，节点 O 有 $\hat{N}$ 个邻居，其中离 O 最远的邻居的距离为 r' 的概率为 $N \dfrac{\pi r'^2}{\pi r^2} \dfrac{2\pi r'dr'}{\pi r^2}$，所以节点 O 的最远邻居和自己之间的距离的均值 $\hat{d} = \hat{N}\int_0^r \dfrac{\pi r'^2}{\pi r^2} \dfrac{2\pi r'dr'}{\pi r^2} = \dfrac{2\hat{N}r}{2\hat{N}+1}$，这样，

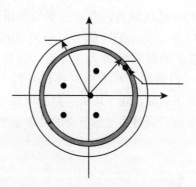

图 5-15　节点 O 的邻居示意图

一条路径平均经过的节点数为：$\hat{H} = \left| \dfrac{(2\hat{N}+1)\int lf(l)dl}{2Nr} \right|$，其中 $\int lf(l)dl$ 表示从源节点到 Sink 建立一条路径的平均长度，因此可以成功建立这么一条不会遭遇到路由空洞的路径的概率为：$P_{path} = (1-P_r)^{\hat{H}}$。命题得证。

　　图 5-16 是用仿真得到的在一个正方形区域内任意两点间用 GF 算法成功建立一条路径的概率，其中平均邻居数从 7 个增加到 20 个，部署区域的边长为 $100 \sim 500 \mathrm{m}$，从中可以看出，可以成功建立一条路径的概率随着部署区域的扩大而降低，但是当平均邻居数大于 12 个时，可以成功建立路径的概率大于 90%。

5.3.3.4　GF 算法的退避改进

　　为了增加网络利用 GF 算法成功建立路径的概率，同时不增加算法的运算复杂度和存贮复杂度，本书对 GF 算法做了一些改进。改进算法的基本思想是把路由空洞节点从它的邻居节点的邻居集里删除，这样将不会再有数据包被转发到路由空洞节点。

　　数据包的包头包括源节点网络地址和物理地址，目标节点网络地址和物理地址，以及本节点是否为路由空洞节点的标志位。标志位用于向父节点和邻居节点通知自己的状态。

　　改进算法的规则如下：

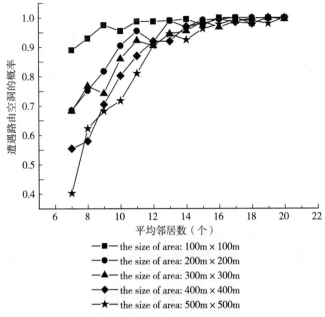

图 5-16 GF 算法中路径遭遇路由空洞的概率

- 网络中的节点通过交换 HELLO 信息包获得所有的邻居信息，并把它们存贮在基本邻居信息表里，这一步是所有 GF 算法的基础。

- 当中间节点收到父节点转发过来的数据包时，它首先检查自己是否有目的节点为这个 Sink 的专有邻居信息表，如果没有，节点把基本邻居信息表做一个拷贝，作为这个 Sink 的专有邻居信息表。然后，该节点从 Sink 的专有邻居信息表里取一个距离 Sink 最近的邻居节点，把数据包转发给它。

- 如果该节点找不到合适的下一跳节点，那么它就是一个路由空洞。此时该节点简单地把数据包回送给自己的父节点，同时用捎带的方式通知父节点自己是位于通向该 Sink 的路径上的空洞节点。父节点在收到送回来的数据包后，把该

　　　子节点从这个 Sink 的专有邻居集里删除，然后从专有邻居集里选取另外一个下一跳节点。如果删除掉该子节点后，父节点也变成了一个路由空洞节点，那么它将继续执行退避的步骤。

- 路由空洞节点的邻居监听到它回送数据包的捎带信息后，同时将该节点从自己的该 Sink 的专有邻居集里删除。这样，当有其他的指向该 Sink 的数据流经过空洞节点的邻居时，数据包将不会被转发到这个空洞节点。

- 如果源节点本身是一个位于指向该 Sink 的路径上的空洞节点，那么它随机地从自己对应该 Sink 的专有邻居集中选取一个邻居作为下一跳节点，并把数据包转发给它。

　　图 5-17 是用仿真利用改进的 GF 算法得出的路径成功建立概率。可以看出，该改进算法在平均邻居数大于 10 个时路径的建立

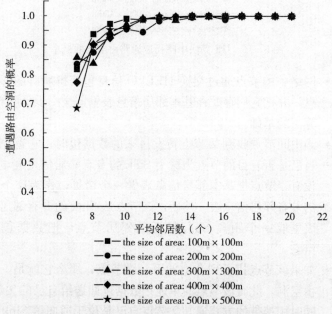

图 5-17　改进的 GF 算法中路径遭遇路由空洞的概率

成功率可以达到 95％以上，大于 12 个时基本在 100％左右。在以监视检测等应用为主的无线传感器网络中，并不需要 Sink 可以成功获得节点的每一个数据包，只要可以得到一定百分比的源数据就足够最终用户做出合理的判断了，因此这个简单的改进算法完全足以满足无线传感器网络的需要，并且保持了 GF 算法的简单性和健壮性。

5.3.4 小结

路由空洞问题是基于地理位置的贪婪转发算法中的一个难题，人们为解决这个问题提出了许多种改进策略。本章从理论上分析了路由空洞在一个随机部署的网络中的存在概率，和数据包在转发过程中会遭遇到路由空洞的概率。通过理论分析和仿真发现路由空洞问题在一个平均邻居数大于 12 个的网络中对路由的影响微乎其微，而在一个平均邻居数大于 10 个的网络中，稍做改进、增加了退避功能的贪婪转发算法就完全可以满足无线传感器网络的需求。

5.4 多重洪泛策略

5.4.1 问题引出

无线传感器网络是由大量微小低成本的传感器节点组成的网络，这种网络普遍应用于危险、环境恶劣、没有固定基础设施并需要长期应用的极端环境，如战场姿态监测、建筑物的长期监护和环境保护中的长期参数监控。无线传感器网络中的节点成本非常低廉，体积很小，这些节点的能量供给能力和计算资源都非常有限，当节点的能源消耗完毕后，节点只能被废弃。节点的能源消耗主要用于传输数据和监听信道，为了减少网络的部署和维护成本，尽量延长网络的运行时间，保持长寿命的工作周期，无线传感器网络普遍采用低工作周期的应用方式，即节点会周期性或随机地进入长时间的休眠状态，关闭无线传输信道，节省能量消耗，只在苏醒后才会短期参与数据的采集或转发中。这即是低工作周期状态。

虽然低工作周期可以显著延长的网络工作寿命，但引入该种工作方式后，需要转发数据的节点只能等到通信对端的邻居节点苏醒后才能把数据转发出去，因此会增加分组的数据发送时延，这种时延称为休眠时延（Y. Gu，T. He，2007）。休眠时延恶化了网络的性能，不适用于对时间敏感的应用，如战场和应急救助。除了会引起休眠时延外，由于节点数据的转发依赖于邻居是否处于工作状态，这会大大降低数据成功发送的概率。

为了减少网络传输的休眠时延，同时增加网络中分组的成功传输概率，基于洪泛的多重洪泛机制（Multi - Flooding，MF）被提出。洪泛是一种在无线传感器网络中普遍采用的数据传输机制，广泛应用于可靠传输网络控制命令、告警信息、节点代码等关键数据的传输中，但很少直接应用于节点感知数据的传输，因为人们普遍认为洪泛会造成网络中大量冗余数据的传输，引起广播风暴的情况。但当无线传感器网络工作于低工作周期状态时，洪泛并没有引发需要传输大量数据的广播风暴，因为在洪泛时，大部分邻居节点处于休眠状态，限制了洪泛分组的数量。为了增大数据成功发送的概率，洪泛节点会尝试发起 K 次洪泛，这就是多重洪泛（MF）的来历。

MF 协议非常易于在传感器节点上实现。由于受到严重的能源、存贮和计算能力的制约，无线传感器网络节点不便于应用复杂的协议，而当采用 MF 协议时，传感器节点不需要计算通向不同节点的路由，不需要维护邻居节点状态，不需要存贮节点的链路状态，当有数据需要发送时，节点仅需简单计算自己需要洪泛的次数，然后就可以向外发送数据。这种简单易行的协议特别适应于资源严重受限的传感器节点。

5.4.2　相关工作

在无线传感器网络中，洪泛常用来传输一些重要的数据，如邻居信息、路由建立信息、节点的二进制代码等。一些经典的路由协议，如 Directed Diffusion、LEACH 使用洪泛发起路由的建立过程。由于担心洪泛会引起类似于 Ad Hoc 网络中的广播风暴问题，一些不同的洪泛改进措施被设计出来减少洪泛分组的数量，这些方法可以归类于基于洪泛概率的方法，基于洪泛区域的方法，基于邻居信息的方法。

为了更为有效地应用洪泛方式，RBP、RBS、Deluge 和 Trick-le 也提出了在无线传感器网络中应用洪泛的技术，不过，所有这些技术都需要节点间周期性地交换邻居信息，维护邻居列表，这在低工作周期的传感器网络中比较困难。ADB（Yanjun Sun et al.，2009）针对低工作周期的无线传感器网络提出了一种低功耗、低传输时延的广播算法，但这种算法是建立在全新设计的 MAC 协议基础之上的，不具有通用性。

5.4.3　算法与分析

MF 算法的详细规则如下：当节点处于苏醒状态并有数据需要发送或转发时，它将以洪泛的方式把数据向它的邻居节点转发 K 次，而 K 决定于预先设置的分组成功被目的节点接收的概率 P，因此 MF 算法的关键在于，如何在给定 P 的条件下，计算出节点洪泛分组的次数 K。

如图 5-18 所示，当网络中的某一个节点需要把数据发送到

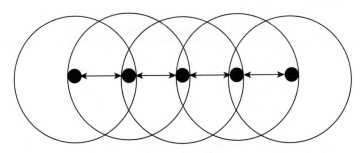

图 5-18　无线传感器网络中的多跳传输

目的节点或 Sink，由于每个节点的传输能力有限，数据需要以多跳的方式逐跳转发到目的节点。当网络采用低工作周期模式后，假设每个节点的休眠间隔都符合强度为 λ_{sleep} 的点泊松过程，在某一个时刻 t 有 X 个节点进入休眠状态的概率为：

$$P_{sleep}(X) = \frac{\lambda_{sleep}\chi_e - \lambda_{sleep}}{X!} \quad (X = 0,1,2,\cdots,K) \quad (5-12)$$

因为在某一条从源节点到目的节点的数据传输路径上，只有当所有的节点都维持苏醒状态时，该条路径才是连通的，数据才能正确被目的节点接收到，因此该路径保持连通的概率为 $X=0$ 时，即数据被成功发送的概率 $P_{success}$ 为：

$$P_{success} = e^{-\lambda_{sleep}} \quad (5-13)$$

那么 K 次洪泛，能够保证数据被正确传输的概率 P 为：

$$P = 1 - (1 - e^{-\lambda_{sleep}})^K \quad (5-14)$$

因此，当给定 P 时，洪泛次数 K 为：

$$K = \log_{1-e^{-\lambda_{sleep}}} \quad (5-15)$$

5.4.4　性能与仿真

本书采用 NS2 仿真工具评估 MF 算法的性能。表 5-1 列出了部分仿真场景的参数，在实际进行仿真时，针对不同的评估性能指标，可能会对个别参数进行调整。所有节点的部署都是随机地，每种场景都至少进行 50 次不同拓扑的仿真，并取平均值作为网络的性能指标。

表 5-1　仿真场景参数

项目	参数
节点传输半径	30m
节点传输速率	200bit/S
节点初始能量	10J
节点发送一个比特所消耗的能量	$0.18\mu J/bit$
节点接收一个比特所消耗的能量	$0.1\mu J/bit$

（续）

项目	参数
节点数量	500 个
网络覆盖区域大小	376m×376m
分组大小	60bit
源分组数量	100 个

图 5-19 显示了在不同的网络规模情况下（网络节点数量从 400 个增加到 900 个），网络中传输的总的分组数。从图中可以看出，Multi-Flooding 仅比 Directed Diffusion 增加了大概 11% 左右，说明 Multi-Flooding 并没有大规模增加广播分组的数量，尤其是网络中产生的有效分组数总量较小的情况下更是如此。图 5-20 更加清晰了展示网络中产生的洪泛和控制分组数量的详细信息，从中可以看出，Multi-Flooding 中洪泛分组的数量是 Directed Diffusion 的 1.23 倍，这是因为 Multi-Flooding 中所有的源数据也是洪泛分组，而 Directed Diffusion 中源数据是以单播的形式传输的。

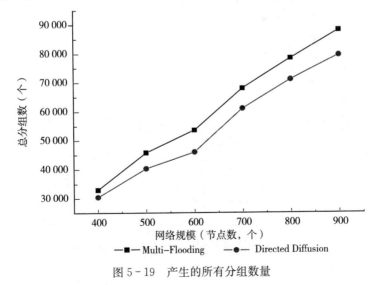

图 5-19 产生的所有分组数量

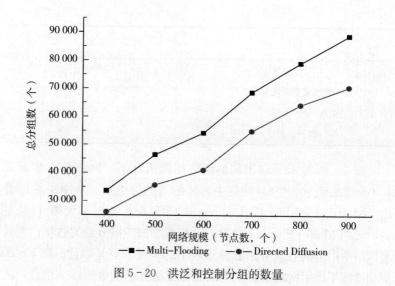

图 5 - 20 洪泛和控制分组的数量

图 5 - 21 对比了 MF 和 Directed Diffusion 两种数据传输协议中的传输时延。从中可以非常明显地看出，MF 的数据传输时延要大大低于 Directed Diffusion。这是因为在 Directed Diffusion 中，

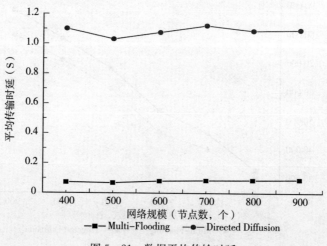

图 5 - 21 数据平均传输时延

因为节点会随机进入休眠状态，需要传输分组的节点不得不等待它的邻居节点的苏醒，从而增加了很多休眠时延。而在 MF 中，节点需要传输数据时直接发送，根本不需要等待邻居节点的相应，因此没有休眠时延。对于时间敏感性的应用来说，MF 是一个更为合适的选择。

图 5-22 显示了 MF、Directed Diffusion 和 AODV 的数据成功传输概率，从中可以看出 MF 能够成功传输数据的概率要远远大于 Directed Diffusion 和 AODV 协议。

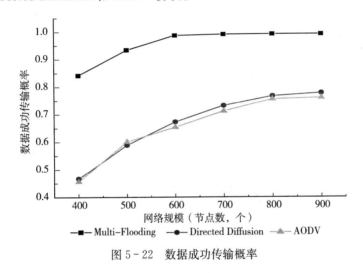

图 5-22 数据成功传输概率

5.4.5 小结

在低工作周期的无线传感器网络中，因为节点会周期性或随机进入休眠状态，造成数据传输时延和数据丢失情况的增加。当网络中的数据传输数量不大时，可以使用 MF 机制作为数据传输协议。与传统传感网网络路由协议（如 Directed Diffusion 和 AODV）相比，MF 可以极大减少数据传输时延，增加数据成功传输的概率，同时并没有大量增加网络中洪泛分组的数量。在接下来的章节中，本书将把 MF 应用于实验网中，进一步验证 MF 协议的性能。

5.5　本章小结

　　本章介绍了无线传感器网络中常见路由协议。由于无线传感器网络的固有特点，如以数据为中心、大规模部署、节点一般不需要独立 ID、极度需要节能等，因此该类网络的路由策略与其他无线网络（如 WLAN 或 Ad Hoc 网络）有极大的区别，人们对无线传感器网络的路由进行了深入细致的分析，提出了大量不同侧重点的路由协议。本章的最后对无线传感器网络的贪婪转发策略和洪泛策略进行了分析，提出了相应的改进措施，取得了较好的效果。

6 | 无线传感器网络的数据处理

6.1 概述

无线传感器网络中的一个基本问题是收集数据的处理方式。在这种情况下，信息融合作为一门学科应运而生，它关注的是如何处理传感器收集的数据，以提高采集到的大量数据的相关性。简而言之，信息融合可以定义为多个来源数据的组合，以获得更好的信息（更便宜、更高质量或更高相关性）。

信息融合通常用于不同应用领域的检测和分类任务，如机器人和军事应用、入侵检测和拒绝服务（DoS）检测。在无线传感器网络领域，简单的汇聚技术（如最大值、最小值和平均值）被用来减少总的数据传输量以节省能源。此外，信息融合技术还应用于改进传感器节点的位置估计算法、故障检测，并收集路由协议的链路统计数据。鉴于信息融合在无线传感器网络中的重要性，本章综述了信息融合的研究现状，以及信息融合在无线传感器网络和传感器系统中的应用。

6.1.1 技术术语

与系统、体系结构、应用、方法和理论有关的多来源数据融合的术语并不一致。无线传感器网络设计采用了不同的术语，通常与融合的特定方面相关。例如，传感器/多传感器融合通常用特定强调数据来自不同的传感器节点。而数据融合和信息融合，虽然有细微的区别，常在算法设计中被混用。

多年来，人们对数据融合有许多定义，其中大多数定义来自军事和遥感领域。1991 年，美国部分联合实验室组成的数据融合工作组编撰了一部关于数据融合的词典《Data Fusion Lexicon》，并定义"数据融合"为"来自多个源的数据和信息的自动检测、关联、相关、估计、组合的多层次、多因素处理过程"。KLEINL. A.（1993）概括了这一定义，指出数据可以由单一来源或多个来源提供。这两种定义都是一般性的，可以应用于不同领域，包括遥感应用。虽然他们建议合并数据，但没有说明其重要性和目标，同时美国国防部（1991）提供的 JDL 数据融合模型涉及质量改进。HALL D. L. 等（1997）将数据融合定义为"将来自多个传感器的数据和相关数据库提供的更新信息相结合，以实现比单独使用单个传感器所能实现的更高的感知精确和更多的具体推断"。这里，数据融合是指目标，即精度提高。

Wald L.（1999）指出，所有先前的定义都集中在方法、手段和传感器上，所以更集中关注数据融合设计的框架体系。Wald 认为"数据融合是一个框架，在这个框架中，来自不同来源的数据用不同手段和工具处理，旨在获得更高质量的信息；'更高质量'的确切定义将取决于具体应用"。此外，Wald 将不同时刻来自同一来源的数据视为不同来源。"质量"一词是有意采用的松散术语，表示融合后的数据在某种程度上比原始数据更适合应用。特别是对于无线传感器网络，数据融合至少有提高精度和节能两个目标。

多传感器集成是机器人学/计算机视觉和工业自动化等领域常用的概念。根据 Luo R. C. 等（2008）的研究，多传感器集成是"多个感知设备提供信息的协同使用，以帮助系统完成任务；而多传感器融合是指在集成过程的任何阶段，将不同来源的感知信息组合成一种代表性的形式"，明确了融合后的数据是如何被整个系统用来与外部环境交互的。

Dasarathy B. V.（1997）指出了这些术语的混淆，采用了新的术语信息融合（Information Fusion，IF）并指出，"在其使用背景下，它包含了开发从多个信息源（传感器、数据库、收集的信息）中获取更好信息的理论、技术和工具，在某种意义上，基于这样的信息所做的决策或行动，比单独使用这些信息源而不利用协同效应的情况更好（定性或定量地在精度、鲁棒性等方面进行评价）"。这可能是目前包含了任何类型信息来源的最广泛的定义，用于融合各种知识、信息和资源。国际信息融合学会（International Society of Information Fusion）也采用了术语"信息融合"（Information Fusion）和 Dasarathy 的定义。

作为信息融合的同义词，术语数据汇聚目前是无线传感器网络社区的流行语。Cohen N. H. 等（2001）指出，"数据汇聚将从普遍数据源收集到的数据，将原始数据灵活、可编程的组合成数量更少的精炼的数据，并将处理后的数据及时传递给数据消费者"。"精炼的数据"，意味着提高了数据精度。然而，正如 R. van Renesse（2003）所定义的，"汇聚是一种汇总的能力"，这意味着数据量减少了。例如，通过汇总函数，如最大值和平均值，减少了需要传输的数据量。然而，对于需要原始和精确测量的应用，这样的汇总可能会导致精度损失。事实上，尽管许多应用可能只对汇总后的数据感兴趣，但不能断言汇总数据就比原始数据更精确。因此，在设计无线传感器算法时，应尽量避免使用数据汇聚。

图 6-1 描述了多传感器/传感器融合、多传感器集成、数据汇聚、数据融合和信息融合等概念之间的关系。本书认为，数据融合和信息融合这两个术语可以有相同的含义。多传感器/传感器融合是与所有传感器节点的子集。数据汇聚是信息融合的一个子集，目的是减少需要传输的数据量（通常通过使用数据摘要的形式），可以处理任何类型的数据/信息，包括感知数据。另一方面，多传感器集成是一个稍微不同的概念，它利用感知设备和其他相关信息（如来自数据库系统的信息）融合并与外部环境进行交互。因此，多传感器/传感器融合是多传感器集成与信息/数据融合的交集。本书选择使用信息融合作为传感器网络使用的术语，这样传感器和多传感器融合可以被视为信息融合的子集，处理不同传感器所采集数据的融合。

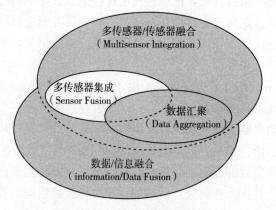

图 6-1　与融合有关术语的关系

6.1.2　信息融合的目的和意义

传感器网络经常部署于节点易受干扰的工作区域，如温度和压力的强烈变化、电磁噪声和辐射。因此，传感器的测量值可能是不精确的（甚至是无用的）。即使在理想的环境条件下，传感器可能也无法提供完美的测量结果。从本质上讲，传感器是一种测量设备，不精确的测量值通常与其观测值有关。这种不精确实际上代表了测量物理现象或性质的技术和方法的缺陷。

任务失败在无线传感器网络中非常常见。例如，考虑一个传感器网络，它监视森林的非常事件，如火灾或某些动物的存在。传感器节点可能会被火灾、动物甚至人类破坏；节点可能带有一些制造缺陷；它们可能会因能量不足而停止工作。某些节点的故障可能会损害网络的整体感知能力和/或通信能力。

无线传感器网络受到时间和空间两方面覆盖度的限制。例如，一个房间里的温度计报告了传感器附近的温度，但它不能直接代表房间内整体温度。人们对无线传感器网络中的空间覆盖度针对不同应用场景做了很多研究，如目标跟踪，节点调度和传感器网络的部署等。时间覆盖度可以理解为传感器网络在其工作生命周期内完成任务的能力。例如,用于事件检测的无线传感器网络,时间覆盖指确保网络不会遗漏相关事件的发生,避免因为事件发生时没有传感器节点对该区域进行感知而造成漏报。因此,传感器网络的时间覆盖度取决于传感器的采样率、数据传输时延和节点的工作周期(工作或休眠的时间)。

为了克服传感器故障、技术限制、空间和时间覆盖度问题,无线传感器网络需保证三个属性:节点协作、冗余部署和感知互补。通常,一个区域须由多个传感器节点实现完全覆盖,每一个节点提供场景的一个局部视图;信息融合可以将每个节点提供的局部视图合并成完整视图。冗余使得无线传感器网络可以有效避免单点失效性,重叠的感知数据可以被融合以获得更精确的数据。可以通过使用不同类型的传感器来实现信息的互补和融合,取得比单个传感器更精确的信息(如利用电磁波的方位角和距离实现物理定位)。

为了实现节点冗余和协作,无线传感器网络常采用密集部署的方式,由于潜在的传输数据碰撞和大量冗余数据的存在,这种部署方式对网络可扩展性提出了挑战。考虑到节点严重受限的能量供给,设计人员应设计算法减少数据传输量,节省能耗,因此由于信息融合可以有效减少数据传输,同时提供足够高精度的数据,该技术对无线传感器网络尤为重要。

6.1.3 信息融合的限制

设计无线传感器网络时,信息融合是一个关键技术,因为信息融合可以有效延长网络工作寿命,因此在诸如目标跟踪、事件检测和辅助决策等应用中广泛采用。但是信息融合有可能导致资源的浪费和对事件错误的评估,因此,我们必须意识到信息融合可能存在的局限性。

由于无线传感器网络的特点,数据处理通常在网内(in - net-work)实现。因此,无线传感器网络的信息融合应尽可能以分布式(网内)的方式进行,以延长网络寿命。但是,我们必须意识到信息融合的分布式实现的局限性。

在 20 世纪 80 年代早期，R. R. Tenney（1981）认为，就通信负载而言，集中式融合系统可能优于分布式融合系统。原因是集中式融合具有全局知识，即所有测量数据都是可用的，而分布式融合是增量的和局部的，因为它是通过先融合部分相邻节点数据，再在中间节点融合部分数据，最后在 Sink 节点或最终用户那儿融合所有数据的方式实现的。这种分散融合的缺点可能广泛存在于无线传感器网络中，由于能量、存储和计算等资源的限制，分布式和本地化的算法比集中式的算法更可取。此外，无线通信的损耗特性意味着数据传输的不可靠，对信息融合也提出了挑战。

关于信息融合的另一个问题是，直觉上，人们可能认为在融合过程中数据越多越好，因为额外的数据应该增加有效的知识（如决策支持或噪声滤波）。然而，当附加的错误数据量大于正确数据量时，信息融合的总体性能反而会降低。

6.2　信息融合分类

信息融合可以根据以下方面进行分类：根据输入数据之间的关系（如协作数据、冗余数据或补充数据），数据（测量、信号、特征、决策）处理过程，融合过程输入和输出的抽象层次。

6.2.1　基于信息源关系分类

根据信息源之间的关系，信息融合可以分为互补型、冗余型或协作型。

- 互补型：当信息源提供的信息是一个事件的不同描述时，可以使用信息融合来获得更完整（更广泛）的信息。如图 6-2 中所示，源 S_1 和 S_2 分别提供了不同的信息片段 a 和 b，这些信息被融合以获得更广泛的信息，用 $(a+b)$ 表示，由非冗余的 a 和 b 组成，它们代表环境的不同部分（如监测区域的西侧和东侧的温度）。

- 冗余型：如果两个或两个以上的独立数据源提供相同的信息，这些信息可以融合以增加事件可信度。如图 6-2 中所示，源 S_2 和 S_3 提供了相同的信息 b，将其融合以获得更准确的信息 (b)。

- 协作型：当两个独立数据源提供的信息被融合成新的信息（通常比原始数据更复杂）时，它们是协作型的，从应用角度来看，这些信息更能代表现实事件。如图 6-2 所示，源 S_4 和 S_5，提供不同的信息 c 和 c'，它们被融合到 (c) 中，相比单独的 c 和 c' 能更好地描述发生的事件。

互补型信息融合可以将来自不同数据源的数据片段融合成更完整的信息，冗余型信息融合可以用于提高信息的可靠性、精确度和可信度，在无线传感器网络中，冗余型融合可以提供高质量的信息，防止传感器节点传输冗余信息。冗余融合的典型例子如滤波器，当有额外的冗余信息时，滤波器的输出会更精确。协作型信息融合的一个经典例子是基于角度和距离信息计算目标位置，协作型融合应谨慎使用，因为数据会受到所有数据源的影响。

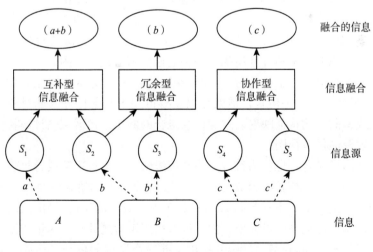

图 6-2　基于信息源之间关系的信息融合类型

6.2.2 基于抽象层次的分类

Luo R. C. 等（2002）使用四个抽象层对信息融合进行分类：信号、像素、特征和符号。信号级融合处理来自传感器的一维或多维信号，它可用于实时应用或作为进一步融合的中间步骤；像素级融合常用于图像处理，可用于图像增强处理；特征级融合处理从信号或图像中提取的特征或属性，如形状和速度等；在符号级融合中，信息通常用于决策支持，因为这种融合也称为决策级融合。通常将特征融合和符号融合用于目标识别应用。当然，这种分类可能并不完善，不能覆盖所有信息融合应用。原因在于，第一，信号和图像都被认为通常是由传感器提供的原始数据，因此它们可能包含在同一分类中；第二，原始数据可能不仅仅来自传感器，因为信息融合系统也可能融合数据库数据或人类提供的数据；第三，这表明一个融合过程不能同时处理所有层次的信息融合。

事实上，信息融合涉及三个层次的数据抽象：测量、特征和决策。因此，根据操作数据的抽象程度，信息融合可分为四类：

低级融合，也称为信号（测量值）级融合：原始数据作为输入，合并成比单个数据更精确（减少噪音）的新数据。PoLastre J. 等（2004）提出了一个典型的低层次融合，该算法通过使用移动平均滤波器来估计环境噪声并确定通信信道是否空闲。

中级融合，也称为特征/属性级融合：一个实体的属性或特征（如形状、组织、位置）被融合以获得可用于其他任务（如对象分割或检测）的特征映射。这类信息融合的例子包括区域估计或特征映射及能量特征图。

高级融合，也称为符号级或决策级融合：它将决策或符号表示作为输入，并将其组合成一个更可信/或全局性的决策。高级融合的一个例子是 B. Krishnamachari 和 S. Iyengar（2004）提出的用于二进制事件检测的贝叶斯方法，该方法用于检测并纠正测量错误。

S. S. Iyengar 等（2001）提出了前三个层次的融合，但并没有定义多层次融合。通常，应用只需要考虑前三类融合（低、中、高级），通常使用像素/测量、特征和决策融合描述它们。然而，这样的分类没有考虑到同时来自不同抽象层次数据的融合，如基于信号或图像的特征值做出决策，因此还有另外一种信息融合的分类：多层次融合。当输入和输出的数据可能处于不同的抽象层次时（如基于测量值的不同特性做出决策），此时的融合过程称为多层次融合。E. F. Nakamura 等（2005）提供了一个典型的多层次融合的例子，利用 Dempster – Shafer 理论来确定基于流量衰减规律的节点故障判断。

6.2.3 基于输入输出的分类

B. V. Dasarathy（1997）提出另外一种考虑到抽象层次的分类方法，这种方法基于输入输出信息的抽象层次将信息融合分为5类：

数据输入-数据输出（DAI – DAO）：该类信息融合处理的数据是原始数据，输出也是原始数据，不过输出的数据可能更精确。

数据输入-特征输出（DAI – FEO）：输入为原始数据，输出是用于描述实体的特征或属性，"实体"可以指任何对象、事件、状态或抽象的描述。

特征输入-特征输出（FEI – FEO）：输入为一组特征或属性信息，输出也是一个精炼的特征或属性值，或者提取出的新的特征信息。

特征输入-决策输出（FEI – DEO）：输入为一组特征或属性值，信息融合后输出为决策信息。

决策输入-决策输出（DEI – DEO）：决策信息可以进行融合，以获得新的决策或强调以前的决策。

与基于抽象层次的分类相比，这种分类可以看作是前一种的扩展，但粒度更小，其中 DAI – DAO 对应于低级融合，FEI – FEO 对应于中级融合，DEI – DEO 对应于高级融合，DAI – FEO 和 FEI – DEO 可以认为是在多层次融合。J. Polastre 等（2004）使用 DAI – DAO 融合通过移动平均滤波器估计环境噪声；A. Singh 等

（2006）使用 FEI - FEO 融合构建在地理上描述感知参数（如温度）的特征集合；Luo X. 等（2006）将 DEI - DEO 融合用于二进制事件检测，通过融合多个单个检测数据（传感器节点的数据）来确定事件实际发生情况；E. F. Nakamura 等（2005）利用 FEI - DEO 融合基于流量衰减的特征来推断节点故障。

　　基于输入输出的分类，其主要贡献在于明确了融合过程输入和输出的抽象级别，避免了可能的歧义。

6.3　数据融合的方法、技术和算法

　　数据融合使用的方法、技术和算法可以依据下列原则分类：数据抽象、目的、参数、数据类型和数学工具等。本节讨论的方法分类依据方法要达到的目的，根据这个原则，信息融合方法可以分为推理、估计、分类、特征映射、抽象、汇聚和压缩等。

6.3.1　推理

　　决策融合中经常使用推理方法，决策融合指依据上一阶段信息推理出一个事实或作出决策，常用的推理类方法有贝叶斯推理和DS 证据理论（Dempster - Shafer Belief Accumulation Theory）。

6.3.1.1　贝叶斯推理

　　基于贝叶斯推理的信息融合提供了一种根据概率理论从证据到结论的形式理论。不确定性用描述信心的条件概率表示，值域为[0，1]，其中 0 表示绝对不信任，1 表示绝对信任。贝叶斯推断基于古老的贝叶斯规则，指出：

$$P_r(Y \mid X) = \frac{P_r(X \mid Y) P_r(Y)}{P_r(X)} \tag{6-1}$$

式中，后验概率 $P_r(Y \mid X)$ 表示给定信息 X 的假设 Y 的置信度。该概率的计算是通过将假设 Y 的先验概率 $P_r(Y)$ 乘以 $P_r(X \mid Y)$，即在 Y 为真的情况下 X 为真的概率，并除以 $P_r(X)$，$P_r(X)$ 可被视为规范化常数。贝叶斯推理的主要问题是概率 $P_r(X)$

和 $P_r(X \mid Y)$ 是未知的,必须事先估计或计算它们。

H. Pan 等(1998)提出利用神经网络来估计条件概率,为决策支持提供贝叶斯推理模块。D. Sam 等(2001)根据小电力系统的三个稳定性指标,利用贝叶斯推理来判断系统电压是否稳定。C. Coue 等(2002)使用贝叶斯编程,这是一种基于贝叶斯理论实现的方法,将来自不同传感器(如激光、雷达和视频)的数据融合,为高性能辅助驾驶提供更精确的信息。贝叶斯推理的典型用法还包括机器人地图构建和分类任务等。

在无线传感器网络领域,贝叶斯推理被用来解决定位问题。特别是,M. L. Sichitiu 等(2004)使用贝叶斯推理来处理来自移动信标的信息,并确定每个节点最可能的地理位置(区域),而不是为每个节点位置找到唯一的坐标。R. Biswas 等(2004)将传感器网络建模为贝叶斯网络,并使用马尔可夫链蒙特卡洛抽样理论来解决敌友实体分布问题。G. G. Finn(1987)针对无线传感器网络事件检测做出了突破性工作,明确考虑到了检测故障,并开发了一种分布式和局部的贝叶斯算法来检测和纠正这些故障。这项工作由 Luo 等人(2006)进一步扩展,他们在检测任务中同时考虑测量误差和传感器故障。BARD 方法使用贝叶斯推理,推断最有可能将源节点与 Sink 节点相连的中间节点,从而快速建立路由,降低与资源发现和路由相关的通信成本。G. Hartl 和 B. Li(2005)提出一种分布式的推断算法,利用贝叶斯推理来判断是否存在因为节点休眠而丢失的数据。

6.3.1.2　DS(Dempster - Shafer)推理

DS 推理建立在 DS 证据理论基础之上,DS 证据理论是 A. P. Dempster(1968)和 G. Shafer(1976)提出的一种数学理论,是贝叶斯理论的推广。就像 Bayes 理论处理概率一样,DS 证据理论处理信任或密度函数,它提供了一种处理不确定信息、信任更新和证据合成的数学形式。

DS 推理系统的一个基本概念是识别框架,定义如下:设 $\Theta = \{\theta_1, \theta_2, \cdots, \theta_N\}$ 是描述系统的所有可能状态的集合,Θ 集合是详尽且互斥的，因为系统肯定处于一个且唯一的一个状态 $\theta_i \in \boldsymbol{\Theta}$，其中 $1 \leqslant i \leqslant N$。我们称 $\boldsymbol{\Theta}$ 为识别框架，它的元素用于识别系统的实际状态。

幂集 $2^{\boldsymbol{\Theta}}$ 的元素称为假设。在 DS 理论中，基于证据 E，根据基本概率度（Basic Probability Assignment，BPA）或密度函数 $m: 2^{\boldsymbol{\Theta}} \to [0, 1]$，为每个假设 $H \in 2^{\boldsymbol{\Theta}}$ 分配一个概率，该概率满足：

$$m(\phi) = 0$$
$$m(H) \geqslant 0, \forall H \in 2^{\boldsymbol{\Theta}}$$
$$\sum_{H \in 2^{\boldsymbol{\Theta}}} m(H) = 1 \qquad (6-2)$$

为了表示对假设 H 的整体信任，DS 理论在集合 $\boldsymbol{\Theta}$ 上定义了信任函数 $bel: 2^{\boldsymbol{\Theta}} \to [0, 1]$：

$$bel(H) = \sum_{A \subseteq H} m(A) \qquad (6-3)$$

其中，$bel(\phi) = 0$，$bel(\boldsymbol{\Theta}) = 1$。

假设 H 中的怀疑函数可以用信任函数 $bel: 2^{\boldsymbol{\Theta}} \to [0, 1]$ 直观地表示出来：

$$dou(H) = bel(\neg H) = \sum_{A \subseteq \neg H} m(A) \qquad (6-4)$$

为了表示每个假设的似然性，似然函数 $pl: 2^{\boldsymbol{\Theta}} \to [0, 1]$ 定义为：

$$pl(H) = 1 - dou(H) = \sum_{A \cap H = \phi} m(A) \qquad (6-5)$$

似然函数直观地说明假设 H 中的怀疑越少，假设越可信。在这种情况下，置信区间 $[bel(H), pl(H)]$ 定义了假设 H 的真实信任度。

为了计算两个基本概率度 m_1 和 m_2 的影响，DS 理论定义了一个组合规则 $m_1 \oplus m_2$，公式如下：

$$m_1 \oplus m_2(\phi) = 0$$
$$m_1 \oplus m_2(H) = \frac{\sum_{X \cap Y = H} m_1(H) m_2(H)}{1 - \sum_{X \cap Y = \phi} m_1(H) m_2(H)} \qquad (6-6)$$

Garvey 等人于 1981 年提出了将 DS 理论用于感知数据信息融合的方法。DS 理论比贝叶斯推理更灵活，因为它允许每个来源提供不同层次的详细信息。为了说明这一点，假设有两个传感器 A 和 B，能够区分雄性和雌性猫科动物的吼叫，还有第三个传感器 C，用来区分猎豹吼叫和狮子吼叫。在这种情况下，可以使用 DS 理论融合来自三个传感器的数据来检测雄性/雌性狮子和雄性/雌性猎豹，而用贝叶斯方法进行这样的推理会非常困难。原因是 DS 理论允许融合不同类型传感器的数据，但贝叶斯推理不行。此外，在 DS 推理中，不需要为未知状态指定先验概率，相反，只有存在支持信息时才分配概率。

在贝叶斯推理和 DS 理论之间进行选择不是一个简单任务，需要在贝叶斯的精确性和 DS 理论的灵活性之间做出取舍。D. M. Buede（1988）和 Y. Cheng 等（1988）对这两种推理方法进行了比较。

A. J. Pinto 等（2004）提出在网内数据处理中使用 DS 理论和贝叶斯推理，将事件检测和数据路由统一到一个算法中。基于由无人机组成的无线传感器网络，B. Yu 等（2004）利用 DS 推理构建战场动态态势图，用于战场评估。在 S. Li 等人（2004）设计的无线传感器网络数据服务中间件（Data Service Middleware，DSWare）中，每一个决策都与一个信念值相关，该值由基于 DS 理论的信任和似然函数的预先指定的置信函数计算得出。在另一个应用中，E. F. Nakamura 等人（2005）提出拓扑重建算法（Topology Rebuilding Algorithm，TRA）作为对基于树的路由算法的改进，TRA 算法分析了数据流量，采用 DS 推理检测路由故障，并仅在必要时触发拓扑重建（路由重新发现）。

6.3.1.3　模糊逻辑

模糊逻辑泛化了概率理论，能够处理近似推理或从不精确的条件推理出（可能是不精确的）结论。模糊逻辑的步骤是：每个定量输入都先由成员函数模糊化，然后推理系统的模糊规则产生模糊输出，而模糊输出又由一组输出规则去模糊化。这个框架已经成功地应用于从简单的电饭煲控制到复杂的工业控制系统中。

X. Cui 等（2004）研究了控制传感器位置以定位危险污染源的问题，并提出模糊逻辑位置控制算法，能够处理传感器收集到的不完整、不确定和近似信息。算法的目的是多方面的，即探索整个区域，保持网络连通，找到排放源。H. Shu 和 Q. Liang（2005）以优化移动传感器部署为目标，采用模糊优化的方法更新每个节点的位置，该算法模糊化每个传感器的邻居数目和它们之间的平均距离，以推导出位置更新规则。

W. Chan Yet 和 U. Qidwai（2005）利用智能传感器网络和模糊逻辑控制技术开发了一种具有避障能力的自主导航机器人系统。导航由两个控制器引导：一个用于检测坑洼，另一个用于规避障碍。每个控制器的输入是由超声波传感器收集的三维信息，并使用预先获得的训练数据进行模糊推理。这两个子系统为主控制器提供输入，由主控制器选择最佳路径。

M. N. Halgamuge 等（2003）使用模糊推理来确定无线传感器网络中的最佳分簇方案。前者使用三个特征来指导选择：节点集中度、能量水平和中心度。模糊化处理后，将这些特征转化为模糊变量后得到分簇规则，该方法优于 Heinzelman 等人（2000）提出的基于随机值的算法。后者使用剩余能量值和模糊聚类算法，其结果优于减法聚类技术。

对于媒体访问控制（MAC）协议的设计，J. Wallace 等（2005）提出了一种基于两级模糊控制的扩展网络工作寿命的算法。第一阶段每个节点的输入参数是当前传输队列的大小，剩余电池电量，以及先前包的冲突。第二阶段也使用前面的三个输入，给出传输队列较长的节点访问信道的优先级。使用该方法，可以设计一个较好的节点休眠和调度策略，极大延迟网络工作寿命。出于同样的目的，Q. Liang 和 Q. Ren（2005a）提出了一种基于模糊逻辑的重调度方案的 MAC 协议，提高了能量利用效率，该协议的输入变量是节点与（i）溢出缓冲区（ii）传输失败率以及（iii）传输失败次数的比值。

高效路由是无线传感器网络另一个使用模糊逻辑的领域，旨在优化能量使用效率。M. Yusuf 和 T. Haider（2005）采用基于簇的体系结构，研究了网关集中的簇间路由算法，该算法使用传输耗能、剩余能量、能量消耗率、队列大小、与网关的距离和当前状态作为输入变量，输出是路由成本。Q. Liang 和 Q. Ren（2005b）将电池容量、移动性和到目的地的距离作为一个模糊系统的输入变量，来决定某个节点作为数据转发节点的概率。

6.3.1.4 神经网络

神经网络起源于 20 世纪 60 年代早期 F. Rosenblatt（1959）、B. Widrow 和 M. E. Hoff（1960）的工作，它是一个以实例为输入，可以扩展的监督学习的结构。当然也有一些无监督的神经网络，如 Kohonen 映射。神经网络是信息融合领域分类和任务识别可以采用的贝叶斯理论和 DS 理论的一种替代方法。

神经网络的一个关键特征是能够以有监督的方式从输入/输出对实例中学习规则，因此神经网络可用于学习系统，而模糊逻辑则用于控制其学习速率。

神经网络已被应用于基于多个互补型传感器的自动目标识别系统的信息融合算法（Automatic Target Recognition，ATR）。神经网络提供了高度并行的处理能力，即使处理高噪声信号也有很强的鲁棒性。R. H. Baran（1989）提出了一种 ATR 的信息融合方法，利用神经网络作为联想记忆来指导目标识别的模式匹配过程。神经网络也可基于从多光谱红外传感器和紫外激光雷达获得的信息对目标进行分类。用于信息融合的神经网络也可以应用于 ATR 之外的其他领域，如 T. W. Lewis 和 D. M. W. Powers（2002）利用神经网络将视听信息融合到视听语音识别中。

6.3.1.5 溯因推理

溯因推理指用假设的理论去与经验相对照，以证明理论的正确性。换言之，一旦一个事件被观察到，溯因寻找一个理论作为事件最合理的解释。因此，给定一个判别式 $a \rightarrow b$（a 是 b 的充分条件），溯因和推断是推理上的两个不同的方向，对于推断，这个判别式意

味着一旦发生了 a，我们可以从 a 推断 b 也一定发生，而对于溯因，一旦观察到 b 事件发生了，我们得出 a 也发生了，作为 b 事件发生的解释。在最简单的情况下，诱拐的形式如下：

- 事件 b 发生；
- 事件 a 是事件 b 发生的解释；
- 没有其他假设能够比 a 更好地解释 b；
- 因此，事件 a 也必定发生。

在概率推理的背景下，溯因推理是在给定一些观测变量的前提下，寻找系统变量最大后验概率状态。然而，溯因实际上是一种推理模式，而不是一种信息融合方法。因此，溯因推理可以和其他信息融合方法组合使用，如神经网络和模糊逻辑。

由于溯因寻求事件发生的原因，它自然适用于故障诊断的应用，也可以应用于犯罪调查、计算机视觉和机器学习问题。尽管溯因推理尚未正式应用于无线传感器网络，但它在故障诊断、事件检测与解释、环境现象评估等领域有着巨大的应用潜力。

6.3.1.6 语义信息融合

语义信息融合本质上是一个网络内的推理过程，通过对原始传感器数据的处理，使节点只交换得到的语义解释。语义抽象允许无线传感器网络在收集、存储和处理数据时优化其资源利用率。语义信息融合通常包括知识库构建和模式匹配（推理）两个阶段。第一阶段（通常离线）将最合适的知识抽象汇聚为语义信息，然后在第二阶段（在线）中使用，即模式匹配阶段，用于融合相关属性并提供传感器数据的语义解释。

D. S. Friedlander 和 S. Phoha（2002）首先提出了语义信息融合的概念，并将其应用于目标分类。2005 年，Friedlander 进一步扩展了这项工作，他描述了从传感器网络中提取语义信息的技术。其思想是将传感器数据集成并转换成正式语言。然后，将从环境观测得到的语言与存储在知识库中的已知行为语言进行比较。这种策略背后的思想是，由相似的形式语言表示的行为在语义上是相似的，因此，该方法扩展了传统的基于实体的特征向量和已知行为的模式匹配技术。

D. S. Friedlander（2005）将所提出的技术应用于基于机器人轨迹的行为识别，但它们也可以用于资源的节省。例如，通过使传感器节点只传输描述感知数据的形式语言而不是原始数据，可以节省信息传输能耗，然后汇聚节点或基站，用户可以根据形式化语言对应用行为分类，或者生成在统计上与原始观测值等效的传感器数据。语音信息融合在任何情况下，都需要在数据库中存储一组已知的行为，而这在某些情况下可能很难获得。

在另一种方法中，K. Whitehouse 等（2006）描述了语义流框架，该框架允许用户对语义值进行查询，而无须说明要使用哪些数据或操作。因此，查询答案是由网络内推理过程获得的语义解释。与此同时，Liu J. 和 Zhao F.（2005）提出了 SONGS 架构，该架构通过自动服务规划，将声明性查询转换为服务组合图谱，并对资源感知的服务组合执行进行优化，这些优化可以包括避免对用户发出的组合查询的共享任务进行冗余计算。

6.3.2 估计

估计方法继承自控制理论，采用概率理论基于一个或一组测量向量计算状态向量。本节将介绍以下几种估计方法：最大似然法、最大后验概率法、最小二乘法、移动平均滤波法、卡尔曼滤波法和粒子滤波法。

6.3.2.1 最大似然法

当被估计的状态不是随机变量的结果时，基于似然的估计方法是合适的。在信息融合的背景下，给定被估计的状态 x，和 $z = [z(1), \cdots, z(k)]$ 是 x 的 k 个观测序列，似然函数 $\lambda(x)$ 定义为观测序列 z 的概率密度函数（Probability Density Function，PDF），给定状态 x 的真值：

$$\lambda(x) = p(z \mid x) \qquad (6-7)$$

最大似然估计（Maximum Likelihood Estimator，MLE）搜索使似然函数最大化的 x 值：

$$\hat{x}(k) = \arg \max_x p(z \mid x) \qquad (6-8)$$

这可以从经验或分析传感器模型中获得。

　　Xiao L. 等（2005）提出了一种针对无线传感器网络不可靠通信链路的鲁棒分布式局部极大似然估计。在该方法中，每个节点计算一个局部无偏估计，该估计收敛到全局最大似然解。作者进一步扩展了这种方法，以支持异步且及时交付的观察值：在网络中异步发生的不同时间段的测量值。无线传感器网络基于 MLE 的其他分布式应用包括分散期望最大化（Decentralized Expectation Maximization，DEM）算法和局部最大似然估计算法，这些算法放宽了共享所有数据的要求。

　　在网络层析领域，人们使用 MLE 来估计从源节点到汇聚节点的数据汇聚和报告过程中的每个节点信息损失率，这种策略对于绕过有损区域的路由算法可能是有用的。

　　MLE 通常用于解决位置发现问题。在这种情况下，该方法通常用于获得精确的距离（或方向、角度）估计值，用于计算节点或数据源（目标）的位置。"节点位置发现"的一个例子是基于知识的定位系统（Knowledge - Based Positioning System，KPS）。它假设了节点部署的概率密度函数的先验知识，这样传感器节点就可以通过观察其邻居的组成员关系来使用 MLE 估计它们的位置。"源位置发现"的一个例子是鸟类监测应用，它使用近似最大似然估计来处理声学测量值，估计声波到达方向，并进行波束成形技术增强信号，然后，利用声波方向对鸟类进行定位，同时利用增强信号对鸟类进行分类。

6.3.2.2　最大后验概率法（Maximum A Posteriori，MAP）

　　该方法基于贝叶斯理论，当要得到的参数 x 可以根据某随机变量得出，而该随机变量的 PDF 为已知的函数 $p(x)$ 时可以使用，测量序列由传感器模型（测量序列的条件 PDF）表征。在信息融合的背景下，给定被估计的状态 x，和 $z = [z(1), \cdots, z(k)]$ 是 x 的 k 个观测序列，最大后验概率算法搜索使后验分布函数最大化的 x 的值：

$$\hat{x}(k) = \arg\max_{x} p(x \mid z) \qquad (6-9)$$

最大似然法和最大后验概率法都试图找出状态 x 的最值。然而，第一种方法假设 x 是参数空间的一个固定的未知点，而最后一种方法将 x 作为已知先验 PDF 的随机变量的结果。当 x 的先验概率密度函数未知时，如当 $p(x)$ 是 $\sigma \to \infty$ 的高斯分布时，这两种方法是等价的。

人们使用 MAP 算法在已知环境中查找移动机器人的位置，并跟踪自主运动目标的位置。Yuan Y. 和 Kam M.（2004）提出的冲突解决算法用于管理本地传感器和数据融合中心（如簇头）之间的数据流量，使用 MAP 算法估算器计算传输数据的节点数，以便这些节点正确计算其重传概率。

传统的 MAP 算法可能因为成本太高而无法用于无线传感器网络，然而，人们已提出了一些有效的分布式的无线传感器网络解决方案，如 MAP 的分布式实现，利用凹函数最大值理论简化 MAP 算法计算复杂性。

6.3.2.3 最小二乘法

此类包括基于最小二乘法的估计方法。简言之，最小二乘法是一种数学优化技术，它试图找到最适合一组输入测量值的函数，这是通过最小化函数生成的点与输入测量值之间的平方误差之和来实现的。根据不同的平方误差度量（或最小化方法），最小二乘法有普通平方误差、Huber 损失函数和均方根误差等。本节主要介绍普通最小二乘法。

最小二乘法适用于要估计的参数是固定的，与最大后验概率相比，该方法不假设任何先验概率。在这里，测量被当作状态的确定函数来处理，比如：

$$z(i) = h(i,x) + w(i) \qquad (6-10)$$

式中，h 代表传感器模型，w 是 $1 \leqslant i \leqslant k$ 次观测的噪声序列。最小二乘法搜索使实际观测值和预测观测值平方误差之和最小的 x 值：

$$\hat{x}(k) = \arg\max_{x} \sum_{i=1}^{k} [z(i) - h(i,x)]^2 \qquad (6-11)$$

当噪声 $w(i)$ 是独立同分布且具有对称零均值 PDF 的随机变量时，最小二乘法和最大似然法是等价的。

对于无线传感器网络，Rabbat M. 和 Nowak R. D.（2004）对比了普通最小二乘法和 Huber 损失函数的分布式实现，指出在噪声环境中，虽然普通最小二乘法能很快收敛到期望值，但方差很大程度上受噪声测量值的影响。这表明，Huber 损失函数更适用于随机噪声较多的实际情况。为了减少通信量，Guestrinal C. 等（2004）提出的算法发送描述传感器数据的线性回归参数，而不是传输实际传感器数据，这些参数用最小二乘法估计，以均方根误差作为优化度量。

6.3.2.4 移动平均滤波器

移动平均滤波器因其易于理解和使用而被广泛应用于数字信号处理（DSP）中。此外，该滤波器是减少随机白噪声的最佳选择，同时保持了尖锐的阶跃响应，这就使移动平均成为处理时域编码信号的主要滤波器。顾名思义，该滤波器计算多个输入测量值的算术平均值，以产生输出信号的每个点。给定一个输入数字信号 $z = [z(1), z(2), \cdots]$，真实信号 $x = [\hat{x}(1), \hat{x}(2), \cdots]$ 的估计值为：

$$\hat{x}(k) = \frac{1}{M} \sum_{i=0}^{M-1} z(k-i) \qquad (6-12)$$

对于每一个 $k \geqslant M$，其中 M 是滤波器的窗口，要融合的输入观测值的数量，M 也是滤波器检测信号电平变化的步数。M 值越小，阶跃边缘越锐利，M 值越大，信号越清晰。当阶跃信号具有随机白噪声时，移动平均滤波器设法通过因子 $\sqrt{M}$ 来降低噪声方差，因此，M 应为可以降低噪声并满足应用要求的最小值。

Woo A. 等（2003）研究在自适应链路状态估计中使用移动平均滤波器，以便路由协议动态收集和利用链路连接统计信息，以提高可靠性。Nakamura（2005）使用移动平均滤波器来估计无线传感器网络的连续数据流量，并进一步利用该估计值进行路由故障检测。Yang C. L. 等（2005）将移动平均滤波器应用于目标定位，以减少无线传感器网络中跟踪应用的错误。

加权移动平均滤波器也常用于无线传感器网络，尤其是指数加权移动平均（Exponentially Weighted Moving Average，EWMA）滤波器。EWMA 过滤器具有倍增因子，可以为不同的数据点赋予不同的权重，权重以指数形式递减。EWMA 滤波器已被 MAC 协议用于估计环境噪声和信道状态，以及用于竞争信道的本地时钟同步。有些应用使用 EWMA 过滤器精炼感知数据，对数据进行分类，有些应用利用 EWMA 过滤器为定位算法估计距离，有些算法使用 EWMA 过滤器来检测信道初始拥塞，并更公平有效地控制信道利用率。由于移动平均滤波器越来越受欢迎，Elson J. 和 Parker A.(2006) 为无线传感器网络应用专门开发了一个高效 WWMA 滤波器。

6.3.2.5 卡尔曼滤波

卡尔曼滤波是一种非常流行的信息融合方法，最初是由 Kalman 在 1960 年提出，随后得到了广泛的研究。

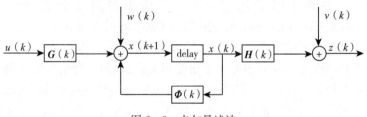

图 6-3 卡尔曼滤波

卡尔曼滤波器（如图 6-3 所示）估计由状态空间模型控制的离散受控过程的状态 x：

$$x(k+1) = \boldsymbol{\Phi}(k)x(k) + \boldsymbol{G}(k)u(k) + w(k) \qquad (6-13)$$

其中测量值 z 为：

$$z(k) = \boldsymbol{H}(k)x(k) + v(k) \qquad (6-14)$$

式中，$\boldsymbol{\Phi}(k)$ 是状态转移矩阵，$\boldsymbol{G}(k)$ 是输入转换矩阵，$u(k)$ 是输入向量，$\boldsymbol{H}(k)$ 是测量矩阵；w 和 v 分别是零均值且协方差矩阵为 $\boldsymbol{Q}(k)$ 和 $\boldsymbol{R}(k)$ 的高斯噪声。

基于测量值 $z(k)$ 和系统参数，$x(k)$ 的估计值用 $\hat{x}(k)$ 表示，$x(k+1)$ 的预测值用 $\hat{x}(k+1\mid k)$ 表示，为：

$$\hat{x}(k) = \hat{x}(k\mid k-1) + K(k)[z(k) - H(k)\hat{x}(k\mid k-1)]$$
$$(6-15)$$

$$\hat{x}(k+1\mid k) = \boldsymbol{\Phi}(k)\hat{x}(t\mid t) + G(k)u(k) \qquad (6-16)$$

式中，K 是卡尔曼滤波增益，值由下式得到：

$$K(k) = P_r(k\mid k-1)H^T(k)[H(k)P(k\mid k-1)H^T(k) + R(k)]^{-1}$$
$$(6-17)$$

式中，$P(k\mid k-1)$ 是预测协方差矩阵，可以由下式得出：

$$P(k+1\mid k) = \boldsymbol{\Phi}(k)P_r(k)\boldsymbol{\Phi}^T(k) + Q(k) \qquad (6-18)$$

及

$$P(k) = P(k\mid k-1) - K(k)H(k)P(k\mid k-1) \qquad (6-19)$$

卡尔曼滤波器用于融合低层冗余数据。如果可以用线性模型描述系统，并且误差为高斯噪声，则 Kalman 滤波器可以用于递归检索统计意义的最优估计值。然而，对于非线性动态和非线性测量模型，还需要采用其他方法。一种称为扩展卡尔曼滤波器（Extended Kalman Filter，EKF）的变体可以实现递归非线性滤波，最近，无损卡尔曼滤波（Unscented Kalman Filter，UKF）由于没有线性化步骤和相关误差而受到关注。UKF 使用确定性抽样技术在均值周围选择一组最小的采样点，这些点通过非线性函数传播，从而恢复估计值的协方差。标准 Kalman 滤波器可以进一步扩展以提高其性能或实现分布式计算。

在无线传感器网络中，人们已经实现了卡尔曼滤波的近似分布式实现，并利用该算法得到节点感知数据的近似平均值。无线传感器网络的一个重要问题是由于不可靠的信道而导致的数据丢失，在这方面，Sinopoli B. 等（2004）评估 Kalman 滤波器在具有间歇性观测情况下的性能，并显示存在一个观测值到达率的临界值，超过该值，Kalman 滤波器将变得不稳定。

无线传感器网络中使用 Kalman 滤波器的另一个问题是，它需要传感器节点之间的近似时钟同步。Manzo M.（2005）证明了这一点，他展示了由时间同步攻击引起的同步问题如何影响 Kalman 滤波器的性能，并且导致错误的估计。

很长一段时间以来，Kalman 滤波器一直被用于源定位和跟踪算法，尤其是在机器人领域。无线传感器网络继承了这一应用趋势，为了提高精度，Kalman 滤波器已被应用于精确定位和距离估计，或用于追踪不同数据来源（发生的事件）。特别是 Li T. 等（2006）提出了一种针对配备异步传感器的系统的源节点定位算法，并指出由于 EKF 中存在线性化误差，UKF 在源跟踪方面的性能优于 EKF。

MAC 协议也可以利用 Kalman 滤波器，如预测数据帧大小等。在这个方向上，人们使用 UKF 或 EKF 进行帧大小预测，而在噪声条件下，人们证明 UKF 方法优于 EKF 方法。

6.3.2.6　粒子滤波

粒子滤波是统计信号处理的递归实现，称为序列蒙特卡罗方法（Sequential Monte Carlo Methods，SMC）。虽然卡尔曼滤波是一种经典的状态估计方法，但粒子滤波代表了非高斯噪声应用的一种替代方法，特别是当计算能力相当低且采样率很慢时。

粒子过滤试图根据大量随机样本（称为粒子）构建后验 PDF。粒子随时间而变化，重复执行采用和重采样步骤，每一个迭代中，重采样都会丢弃一些粒子，从而增加粒子相关性。

在这种滤波过程中，使用同一状态变量 x 的多个粒子（样本），每个粒子都有一个相关的权重，表示粒子的质量，估计值是所有粒子权重的和。粒子滤波算法有两个阶段：预测和更新。在预测阶段，根据现有模型对每个粒子进行修正，包括加入随机噪声以模拟噪声的影响。然后，在更新阶段，根据获得的最新感知信息重新评估每个粒子的权重，从而清除权重较小的粒子（重采样过程）。

Arulampalam M. S. 等（2002）讨论粒子滤波和扩展卡尔曼滤波在跟踪应用中的应用。Yuen D. C. K. 和 MacDonald B. A.（2002）进一步分析了扩展卡尔曼滤波和粒子滤波在状态估计中的应用。Zeng Z. 和 Ma S.（2002）提出了主动粒子滤波，在加权之前，每个粒子首先被迭代得到其局部最大似然值，因此，每个粒子的效率都得到了提高，所需粒子的数量也减少了。信息融合领域中粒子滤波的其他例子包括计算机视觉应用，多目标跟踪，无线网络中的位置发现等。

在无线传感器网络中，目标跟踪是应用粒子滤波的主要应用。Aslam J. 等（2003）提出了一种基于粒子滤波的跟踪算法，该算法利用二进制检测模型（比特代表目标是朝向还是远离传感器移动）来探索由传感器组成的网络的几何特性。Coates M.（2004）研究了分布式粒子滤波在层次化网络中用于目标跟踪的应用，其中簇头负责计算和信息传输，而簇节点仅负责感知数据。Wong Y.（2004）采用了基于粒子滤波的分层协作数据融合方案，用于目标跟踪的多传感器信息融合和多模信息（来自不同传感模式的信息）融合。Guo D. 和 Wang X.（2004）提出了一种新型的目标跟踪的 SMC 解决方案，该方案利用辅助粒子滤波技术进行数据融合，并简化了后验分布的表示，以减少传感器节点之间传输的数据量。

与单目标跟踪相比，多目标跟踪是一个更困难和更普遍的问题，其解决方案也可以使用粒子过滤。Sheng X. 等（2005）提出了两种分布式粒子滤波算法用于多目标跟踪，它们运行在基于目标轨迹而动态组合的不相关传感器节点集合上。Vercauteren T. 等（2005）提出了一种基于 SMC 方法的协同解决方案，用于联合跟踪多个目标并根据其运动模式对其进行分类。通过使用距离数据，Chakravarty P. 和 Jarvis R.（2005）提出了一种基于粒子滤波的实时系统，用于跟踪未知数量的目标，该系统采用了聚类算法来区分合法目标和假目标。

无线传感器网络中使用粒子滤波的另一类应用是节点定位。Hu L. 和 Evans D.（2004）使用粒子滤波来获得由移动节点组成的网络中的节点位置，提出了适用于所有节点的跟踪解决方案，有趣的是，作者指出，与直觉相反，移动性可以提高节点定位精度并降低本地化算法的成本。Miguez J. 和 Artes Rodriguez A.（2006）提出了一种用于节点定位和目标跟踪的蒙特卡罗方法，该方法使用粒子滤波进行目标跟踪和节点位置估计的补偿。粒子滤波的其他应用包括通信系统中基于码分多址（CDMA）的多用户参数跟踪和正交频分复用（OFDM）系统中的盲符号检测等。

6.4　基于置信因子的数据融合

由于无线传感器网络中节点的能量大部分被用来传输数据，为了减少数据的传输量，同时又不增加数据包的延迟，本章提出了基于置信因子的数据分发概念，置信因子由传感器节点根据所感知的数据产生，反映了数据的真实性和重要性。本章设计了一种基于置信因子的发送退避策略和传输过滤器。大量仿真证明了这种数据分发机制在减少网络能耗和重要数据的时延方面的有效性。

6.4.1　问题的提出

由于无线传感器网络节点通常部署在危险区域，以无人值守的方式工作，因此非常适合应用于一些危险的环境中。我们考虑无线传感器网络的一类非常典型的、事件驱动的监视类应用，如森林防火、毒气泄漏、大坝安全、非法入侵监测等。如图 6-4 所示，在这类应用中，感知到事件发生的传感器节点把数据以多跳的形式报告给用户，由用户做出相应的判断并采取适当的应对措施。

与其他传感器网络一样，这类应用中的节点一般也都采取电池供电的方式。节能和低延迟是这类应用中衡量一个网络性能的主要指标。由于无线传感器网络中节点的能量消耗主要用于数据的传输上，所以减少网络中的数据传输量是一个有效地减少节点能量消耗的手段。传统的减少数据量的方法是在节点上采取数据汇聚和融合的措施，但是由于节点需要缓存足够多的数据来执行数据融合算法，不可避免地会带来数据传输的延迟，这在对时延要求苛刻的监视类应用中，是不可忍受的。

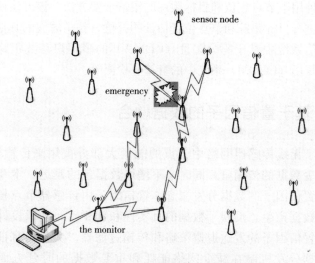

图 6 - 4   一个典型监视类应用的例子

另一方面，在监视类应用中，由于节点距离监视地点的远近，或者中间障碍物的阻隔，每个节点所产生的数据重要性是不一样的，有的节点观察到的数据更能精确地反映所发生事件的性质，而有的节点的数据并不能对整个事件的判断起到关键的作用。因此，通过适当的手段减少不重要的数据在网络中的传输，同时保证重要数据安全高效地被传递到用户，是一个有效地减少网络能量消耗和数据传递时延的方法。

本书为尝试解决上述问题而引入了置信因子的概念。每个节点在产生源数据时，同时根据源数据的值估算一个事件发生的置信因子（或源数据本身的置信因子）。当数据在中间节点进行转发时，每个中间节点根据一个基于置信因子的过滤器过滤掉低置信因子的数据，从而减少网络中总的数据传输数量。同时，为了解决高置信因子的数据更易于因为碰撞而被丢弃的现象，本书为节点设计了一个基于置信因子的退避机制，高置信因子的节点具有比低置信因子的节点更高优先级的信道访问权，从而保证了高置信因子数据的可靠传输。

6.4.2　相关工作

减少传感器网络中数据传输量的传统方法是采取数据汇聚和融合的方法。在数据向 sink 传递地过程中，中间转发节点首先将收到的数据缓冲，每隔一段时间后节点将缓冲的数据汇聚或融合起来，数据的融合和汇聚可以分为依赖于应用的数据汇聚 ADDA（Application Dependent Data Aggregation）和独立于应用的数据汇聚 AIDA（Application Independent Data Aggregation）。依赖于应用的数据汇聚 ADDA 需要节点了解应用数据的语义含义，根据一定的数据压缩算法最大限度地压缩数据，但是会造成数据信息的丢失，而独立于应用的数据汇聚 AIDA 不需要了解应用层数据的语义，直接对数据链路层的数据包进行汇聚，例如将多个数据包拼接成一个数据包进行转发。

TAG、COUGAR、TinyDB 采取了类似 SQL 语言的查询方法，将传感器网络视为一个分布式的数据库，查询发起时，由 where 字句指定需要查询的节点区域，查询指令经过 sink 发送到节点后，节点按照查询指令的要求返回数据。与 SQL 类似，TAG、COUGAR 和 TinyDB 提供了 COUNT、MAX、MIN、SUM、AVERAGE 等数据汇聚处理指令，汇聚后的数据可以显著减少网络中的数据传输量。

另外一种减少数据传输量的方法可以称为数据过滤措施。TiNA 和 CAG 分别利用了无线传感器网络中数据在时域和空域上的相关性来减少数据的传输量。TiNA 利用了节点数据在时域上的相关性，它的基本思想是把只有节点数据的变化范围超出一个事先定义好的阈值时才传输数据。在基于 TAG 的类 SQL 查询语句中，TiNA 增加了 VALUES WITH tct 字句（Mohamed A. Sharaf et al.，2003）。参数 tct 由用户指定，用来说明查询在时域上的可容忍的相关度，在一个数据报告周期内，初始时节点上报自己的数据，然后只有该节点数据的变化超出这个可容忍的相关度后，该节点才会再次重复报告自己的数据。为了进一步提高节点数据的精确性，又提出了一种增强的 TiNA 算法：E - TiNA。由于 TiNA 只进行当前获得数据与上次报告数据的变化比较，因此不一定能正确反映当前数据的变化范围，而 E - TiNA 使节点增加保存了一个上次获得数据，这样，当本次数据和上次数据的比较超出用户定义可容忍度 tct 时，节点也会上报数据，这样就能使网络更能精确报告数据的变化，缺点是增加了网络中的数据传输量。

而 CAG 则利用了节点数据在空域上的相关性。CAG 利用节点数据的相关性来把网络组织成簇，它通过传输簇头的数据而不是整个簇的数据来达到节省能量开销的目的。CAG 算法包括两个阶段：查询和回复。在查询阶段，当查询指令在网络内洪泛时，CAG 算法基于节点感知到的数据将网络分簇。查询指令包含上一个簇头的数据 CR（Cluster Readings）和一个用户指定的数据阈值 τ，当本节点的数据 MR（My Readings）满足下列条件时：MR < CR $\pm$ CR $\times \tau$，本节点将当前的簇头作为自己的簇头，将查询指令向邻居广播，若不满足时，则本节点将自己作为新的簇头，将自己的 MR 作为当前指令的 CR，然后将该指令向邻居广播。在回复阶段，簇的成员推举簇头作为自己的代表，只有那些簇头的数据被发送回 Sink，从而达到减少数据传输量的目的（Sun Hee Yoon，Cyrus Shahabi，2005）。

数据汇聚和融合虽然可以有效地减少传输的数据量，但是会带来额外的数据时延，这对于对时延有较高要求的监视类应用来说，是不可忍受的。而以上所述的数据过滤算法，仅适用于节点按照一定时间间隔重复产生数据的应用，对于突发事件的监视类应用是无能为力的。

ESRT 同样考虑了传感器网络在监视类应用中的应用，并且也认为传感器节点产生的数据并不需要全部传递给用户，只要保证能够接收到一定比例的数据量就足够用户来做出判断。但是，ESRT 并没有考虑到不同节点产生的数据重要性的不同，但在实际应用中，由于节点距离监视区域或事件的远近或中间障碍物等原因的不同，产生的数据的精确程度和重要性是不一样的。我们的置信因子就是为了反应这个不同而提出的，更好地解决了协调数据传输的功能。

采取了数据汇聚或者数据过滤的措施后，会造成网络中数据传输量的急剧减少，这样需要保证数据在网络中的成功传输，避免有效数据的大量丢失。底层的 MAC 协议如 MACAW 和 IEEE 802.11DCF 采取了 RTS－CTS－DATA－ACK 的方法减少数据帧的碰撞，同时采取重传的机制保障数据帧的传递。SMAC（W. Ye et al.，2002）和 BMAC（Joseph Polastre et al.，2004）借鉴了这种方法，并把它应用在无线传感器网络中。

6.4.3　问题的提出和系统模型

在监视类的应用中，传感器网络的主要功能是把检测到的数据正确安全快速地传递给用户，同时，网络中的节点需要尽可能地节省能源，延长寿命。节点的能源消耗大部分是用于数据的传输，为了延长网络的寿命，就需要在保证所传输数据的有效性的同时，尽量减少总的数据传输量。虽然数据聚集是一个可行的减少数据传输量的方法，但是会不可避免地带来比较高的数据延迟。同时，在监视类应用中，并不是节点产生的所有数据都需要传递给用户，一些节点由于它们部署的位置、传感器的灵敏度等原因而产生的数据对用户对事件的判断并不能起到大的作用，因此，这类数据完全可以丢弃，从而减少网络中的数据传输量。

因此，本章提出了传感器网络中数据的置信因子的概念。节点对自己产生的数据进行初步处理后生成一个数据的置信因子，并把这个置信因子作为数据在网络中随后处理的一个标准，数据在网络中被传递还是被丢弃依赖于它的置信因子。

6.4.3.1　置信因子的产生

置信因子的产生是传感器节点首先需要解决的问题。在实际部署的传感器节点中，一般集成了若干种不同的传感器，如 Berkeley Mote 中，就有温度、光强、磁场、加速度等传感器。针对某一具体的监测对象，可能多个传感器会同时产生数据。如当我们用

Mote 监视森林火灾的发生时，温度、光强、湿度等传感器都会有相应的监测结果。节点可以根据每个传感器得到的数据与预存贮的数据进行比较或运算，从而得到一个发生火灾的概率，这个概率就可以作为该传感器所产生数据的置信因子。而节点数据的置信因子可以采取综合各传感器数据的置信因子的方法。如果节点具有 n 个传感器，第 i 个传感器针对某一应用所获得的数据的置信因子为 p_{conf}^i，若各传感器没有相关关系时，我们可以采取下列公式计算总的可信度：

$$P_{conf} = \begin{cases} \dfrac{1}{n}\displaystyle\sum_n p_{conf}^i & (6-20) \\[2ex] \dfrac{1}{n}\displaystyle\sum_n w_i p_{conf}^i \qquad \displaystyle\sum_n w_i = 1 & (6-21) \\[2ex] 1 - \displaystyle\prod_n (1 - p_{conf}^i) & (6-22) \\[2ex] \displaystyle\prod_n p_{conf}^i & (6-23) \end{cases}$$

式中，w_i 代表不同传感器不同的权值。当每个传感器具有相同的监测精度、相同的重要性时，置信因子的计算可以采取式 6-20，简单的求它们的均值来代表节点的置信因子。如果节点的传感器具有不同的精度时，置信因子的计算采取式 6-21，为每个传感器分配不同的权值，精度高的传感器具有更高的权值。而如果节点的传感器非常灵敏，并且所获得的置信因子高于某一个阈值时，置信因子的计算采取式 6-22，即用并联的方式来确定节点的置信因子。相对的，若节点的传感器非常灵敏，并且置信因子低于某一个特定阈值时，置信因子的计算采取式 6-23 所表示的串联的方式。

6.4.3.2　用置信因子减少数据传输量

由于节点的能量主要被用来做数据的传输，因此减少网络中的数据传输量是节省节点能耗、延长网络寿命的重要方法之一。以前人们常用的方法有数据聚集的方法，但是采取这种方法会带来数据的延迟，延迟小时，聚集效果不明显，延迟大时又会对时延敏感的应用产生影响。

采取基于置信因子过滤的方法，既可以保证高置信因子数据的低时延传输，又可以过滤掉低置信因子数据，从而减少网络中的总的数据传输量。节点产生的数据的重要性是不一样的，高置信因子的数据对最终用户对事件的判断起着关键的作用，而大量的低置信因子的数据只会增加网络的负担，并不能起到决策支持的作用。但是，我们又不能限制产生低置信因子数据的节点发送自己的数据，因为源节点本身并不知道全局的数据产生情况，如果网络中节点的数据置信因子都低到不用发送给用户的时候，用户无法知道是因为产生的数据应用价值不大而没有发送，还是因为节点失效而不能发送数据。因此最佳的方法是在每个中间节点设置一个基于置信因子的过滤器，过滤器维持一个阈值，当经过的数据置信因子高于这个阈值时，数据将会被转发给下一个节点，否则该数据将会被丢弃。阈值的取值对网络的行为有着重大的影响。过高会限制通过的数据量，增加用户对检测情况误判的风险，过低则起不到减少数据传输的作用。在仿真中本文取阈值为最近经过的 N 个数据可信度的均值：

$$p_{threshold} = \frac{1}{N}\sum_N p_{conf}^i \qquad (6-24)$$

式中，N 是由用户确定的对事件做出正确判断所需要的最少数据量的值。

6.4.3.3 用置信因子控制访问共享信道

由于成本的限制，目前的传感器节点一般都采用共享的物理信道。这样，当多个节点同时需要传输数据时，不可避免地会产生数据的碰撞丢失。即使采用数据重传机制，也会因为增加了数据的重传次数而消耗更多的节点能量，并且增加数据的延迟（图6-5）。一般情况下，位于事件发生地中心位置的节点，由于距离事件源的距离比较近，产生的数据比较精确，置信因子比较高。而位于外围的节点，相应的置信因子要低一些。但是，中心位置的节点传输数据时，由于竞争信道的节点比较多，产生碰撞的机会比外围节点大得多，因此，高置信因子的数据反而更易于因为碰撞的原因而丢失，或被延迟。为了解决这个问题，可以将置信因子作为控制节点访问物理信道的退避参数。每个节点需要传输数据时，首先退避一段在 $[0, CW(p_{conf})]$ 之间随机选择的时间，然后再检测信道的状态，以决定是否访问信道。如果选择合适的单调递减的函数 $CW(p_{conf})$，高置信因子的数据将具有比低置信因子数据更高的优先访问物理信道的权利，从而增加了高置信因子数据的成功传输概率，减少了它们的传输时延。相应的，由于减少了数据发生碰撞的概率，也减少了重传次数，从而节省了节点的能量消耗。

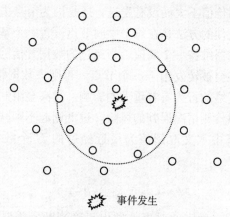

事件发生

a.节点感知到事件的发生

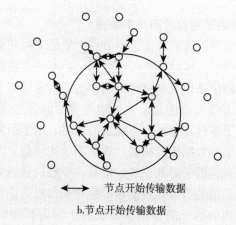

节点开始传输数据

b.节点开始传输数据

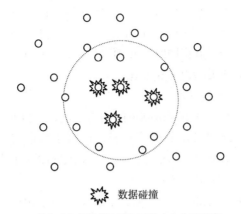

数据碰撞

c.节点产生的数据在感知区域中心位置碰撞

图 6-5　在一个典型应用中数据开始传输的例子

当数据发生碰撞时，为了避免它们一直以较大概率碰撞下去，本书采取了类似 IEEE 802.11 DCF 的碰撞退避机制。每个节点都有一个最大的退避窗口 CW_{max}，当节点发送的数据产生第 i 次碰撞后，节点取 $\min(CW_{max}, 2^i \times CW(p_{conf}))$ 为自己的当前退避窗口 $CW_{current}$，在 $[0, CW_{current}]$ 之间随机选取一个时间点，重新发送自己的数据。节点成功发送数据后，当前退避窗口重新设置为根据下一个待发送数据包的置信因子得出的值 $CW(p_{conf})$。这种方法避免了具有相近置信因子的数据以较大的概率一直碰撞下去，同时保证了产生较大置信因子数据的节点具有更高的信道访问权。

6.4.4　模型的验证

本节利用 NS2 对采取置信因子的数据分发策略进行了大量仿真，证明了这种策略的可行性。

6.4.4.1　仿真场景的设置

仿真场景的设置如下：同构的节点均匀分布在一个 200m×200m 的正方形区域内，节点密度（每个节点的平均邻居数）从 10 个到 20 个不等。节点的传输半径设为 30m，信道速率为 19 200bit/s。事件源发生在网络的中心位置，用户位于区域的右上角。节点的感知半径设为和传输半径相同，即 30m，位于以事件源为圆心、30m为半径的圆内的节点将同时感知到事件的发生。节点数据的置信因子和节点与事件源的距离成反比。

6.4.4.2　仿真衡量标准

本节仿真了三种不同机制下的网络性能，分别是没有采取基于置信因子设计的网络，采取了基于置信因子的退避机制设计的网络，和采取了基于置信因子退避机制和过滤器机制设计的网络，重点考虑下面一些衡量标准：

- 转发数据包的比率。这个参数反映网络中所有中间节点转发的数据包数量和由源节点产生的所有源数据包数量的比率，转发的数据包包括为了保证数据包的正确传递而重传的次数。这个参数的值越高，说明为了保证单个数据包的正确传递而转发的次数越多，网络中节点传输的数据越多，因此节点的能耗也会越高。

- 丢包率。丢包率指被中间转发节点丢弃的数据包数量和源数据包数量的比率。网络中的节点在转发数据包时，由于碰撞或信道竞争失败等非主动性原因，会丢弃掉一部分源数据包。丢包率的增加不但会增加节点的重传次数，增加额外的能量消耗，也会因为一部分重要的高置信因子的数据的丢失而对用户对事件的判断产生不利影响。

- 用户的成功接收率。接收率指用户收到的数据包的总数和源数据包的总数的比率。在不使用过滤器时，接受率越高，说明网络传递数据包的效率越高。在使用了过滤器后，由于中间节点上的过滤器本身会有选择地主动丢弃一些不太重要的数据，接受率不再反映网络实际的传递效率。

- 用户收到第一个数据包时的时延。指从源节点产生数据时开始，到用户收到第一个数据包时的时延，这个参数反映了网络对突发事件的反应时间。在监视类的应用中，这个参数越小越好。

- 用户收到数据包的平均置信因子。我们总希望用户可以首先收到重要性比较高的数据，即置信因子比较大的数据，这样可以保证用户在第一时间对被监测的事件做出尽可能正确的反应。

6.4.4.3 仿真结果

从图 6-6 中可以看出，当节点采取基于置信因子的退避机制时，数据包的转发率下降了 20% 左右，这是因为基于置信因子的退避机制降低了数据包的碰撞概率，因而减少了数据包的重传次数，降低了转发率。另外还可以看出，当节点采取了基于置信因子的过滤器时，数据包的转发率大大下降，这是因为低置信因子的数据包大部分被中间转发节点丢弃，因此使网络的负载大大降低。

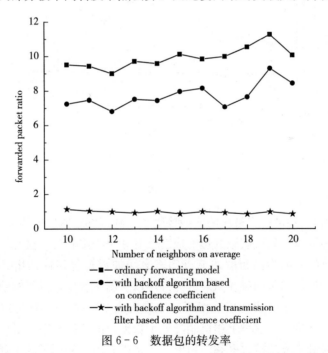

图 6-6　数据包的转发率

图 6-7 是丢包率的仿真结果。可以看出，总体而言，丢包率随着网络节点密度的增加而增加，这是因为网络节点密度增大时，

数据包的碰撞概率也相应增大。当采用了基于置信因子的退避机制时，网络的丢包率仅仅相当于原来的 $0.25 \sim 0.6$，因此，基于置信因子的退避机制确实降低了数据包产生碰撞的风险，从而也减少了节点用于重传上的开销。

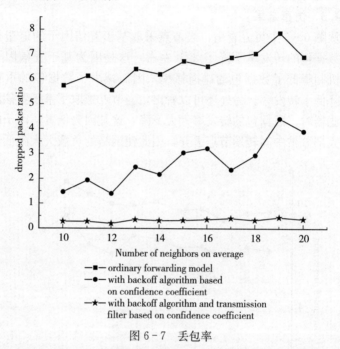

图 6-7　丢包率

图 6-8 是用户最后的成功接受率。随着网络密度的增加，用户最终可以正确接收数据包的成功接受率呈下降趋势。这是非常容易理解的，因为高密度的节点部署会增加数据包传输到用户的跳数，增加数据包的碰撞风险。另外可以从图中看出，基于置信因子退避机制算法的成功接受率要比原来提高 20% 左右。这可以从图中得到解释，即这种退避机制降低了数据包的碰撞概率，所以增加了它的最终成功接收概率。另外，还可以看出，采用了基于置信因子过滤机制后的用户成功接受率大大低于没有采用过滤器机制时。这也是非常容易理解的，因为中间的转发节点把一些认为多余的低

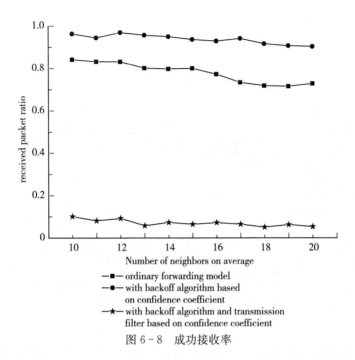

图 6 - 8 成功接收率

置信因子的数据包直接丢弃掉，因此降低了最终用户的接受率。但是，后面可以看出，这并不会妨碍用户的判断，因为用户接收的都是高置信因子的数据。

图 6 - 9 是用户接收到第一个数据包时的时延。从中可以看出，三种情况下网络时延大致相等，区别在于没有采取置信因子设计时时延的抖动更剧烈一些，而采取了基于置信因子过滤器时的时延曲线最平缓。这是因为没有采取置信因子设计时数据包的碰撞、竞争更剧烈一些，而采用了过滤器后，网络中的数据包的传输量大大下降，抖动更小一些。另外还可以看出，采取了基于置信因子的退避机制后，并没有造成用户接收到第一个数据包的时延的增加，并且后面我们看出，反而增加了用户优先接收到高置信因子数据包的概率。

图 6 - 10 是用户接收到的数据包的平均置信因子随时间变化的趋势图，其中虚线是不同节点密度时的仿真结果，而黑线是在虚线

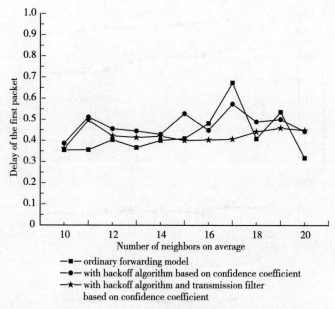

- ■ ordinary forwarding model
- ● with backoff algorithm based on confidence coefficient
- ★ with backoff algorithm and transmission filter based on confidence coefficient

图 6 - 9　用户接收到第一个数据包时的时延

的基础上的平均结果。我们可以清楚地看出，在没有采取基于置信因子的设计时，用户接收到的数据包的平均置信因子是一个随时间缓慢上升的曲线（图 6 - 10a），这表示用户首先接收到的是距离自己比较近的节点产生的置信因子比较低的数据，高置信因子的数据由于信道竞争、数据包碰撞等原因落后与低置信因子数据的到达时间。在采取了基于置信因子的退避机制后，用户接收到的数据包的平均置信因子是一个随时间单调下降的曲线（图 6 - 10b），说明高置信因子的数据比低置信因子的数据更快速地到达用户。所以虽然两种模式下虽然用户接收到第一个数据包时的时延大致相等，但是接收到的数据包的质量却有天壤之别，采取了基于置信因子的退避机制后，重要性高的数据可以更快速地到达用户方，从而可以使用户更及时的做出判断。图 6 - 10c 是采取基于置信因子的过滤器的仿真结果，同样可以看出高置信因子的节点首先到达了最终用户，但是，这条曲线并不像图中那么单调下降的那么明显，这是因为低置信因子的数据大部分被中间节点丢弃，最终到达用户的数据都具有比较高的置信因子。

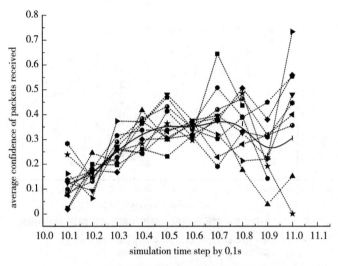

a. 没有采用基于置信因子设计的网络的曲线

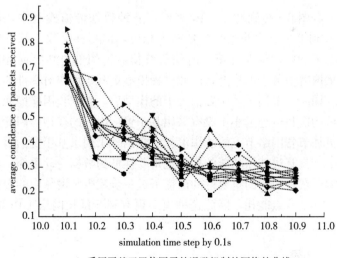

b. 采用了基于置信因子的退避机制的网络的曲线

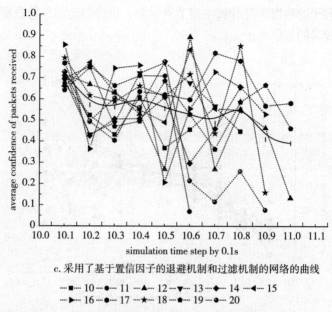

c.采用了基于置信因子的退避机制和过滤机制的网络的曲线

···■··· 10 ···●··· 11 ···▲··· 12 ···▼··· 13 ···◆··· 14 ···◀··· 15
···▶··· 16 ···⬣··· 17 ···★··· 18 ···⬟··· 19 ···●··· 20

图 6-10 用户接收数据的平均置信因子随时间的变化曲线

综合图 6-6 到图 6-10 来看，三种数据传输模型中，虽然 Sink 收到第一个数据包的时延基本相等，但是在采取了基于置信因子的模型后，Sink 在第一时间所获得数据的重要性要远远高于没有采取置信因子的模型，因此这种模型更利于用户对事件的及时判断。同时，采用了基于置信因子的模型后，数据包因碰撞而丢失和重传的次数也远远小于没有采用基于置信因子的模型，因此这种模型更加节省网络节点的能源消耗。在两种采用了基于置信因子的模型中，具有过滤器功能的模型把重要性低的数据主动丢弃，在没有影响所获得数据的重要性的前提下进一步减少了网络中的数据流量，减轻了节点能耗，因此这种模型更有利于延长网络工作寿命，提高网络性能。

6.4.5 小结

无线传感器网络的应用中，监视监测类型的应用是一个比较大的分支。这类应用有着自己的特点，即节点产生的数据具有不同的重要性，并且对不同重要性数据的时延有着不同的要求。本章针对这种特点，提出了一种基于数据的置信因子的设计模型。置信因子反映了节点所产生数据的重要性和准确性，由节点根据自己感知的数据来推断获得。本章提出了一种数据传输时基于置信因子的退避策略和一种基于置信因子的数据过滤策略。仿真证明了这种数据分发策略在减少网络中的数据传输量、减少数据的碰撞率、减少非主动性的数据丢失率和减小重要数据的到达时延等方面的高效性。

6.5　基于遗传算法的数据融合

WSN 由低功耗、低成本的微小传感器节点组成，可以应用在许多长期应用的场景下，如环境监测、建筑物保护和供应链或后勤管理。对于建筑物环境下的环境保护或者节能应用，WSN 可以用来感知和搜集诸如温度、湿度、大气压力等环境参数，这些参数可以作为智能建筑控制系统的输入参数对作动器进行远程控制或调整。

传感器网络中的传感器节点经常由电池供电，所以能源供给受到严重限制，在战场监视、远离后方基地的如森林、保护区的环境监测、人体内的健康参数监测时，对节点重复供电的可能性经常不显示或不经济的，此时传感器节点由能源决定的寿命就决定了传感器网络的工作寿命。无线传感器网络中数据传输是最大的能源消耗源，如伯克利大学的智能微尘，传输一个比特的信息需要消耗 800 条指令，减轻网络的数据传输量可以有效减少传感器网络的能耗，从而增加网络工作寿命。

在大规模部署的传感器网络中，节点总是互相关的，节点传输数据可以单独传输也可以融合后传输，数据融合的主要方式是减少冗余数据，把多个节点的数据融合起来，减少网络中的数据传输量，从而减少能耗，延长网络寿命。

数据融合可以在网络的各个协议层上进行，网络层常用于网络的路由和数据转发，应用层常用于数据查询和融合。对于一个建筑物监测应用场景来说，可以在各层上部署数据融合策略，以达到节能延寿的目的。

网络层的数据融合：与传统网络不通，传感器网络不关注特定节点的一个特定数据，而是关注多个节点协同感知的批量数据，如温度检测中的温度数据。温度数据会被一个区域内的所有节点共同感知，表征温度的值是这些节点共同感知的数值，而不是某一个特定节点的感知值，因此在网络层可以在数据转发的过程中检测这些数据的冗余性并进行数据的融合，从而减少数据传输量，节省能耗。

应用层的数据融合：应用层的数据融合更多的基于应用层的数据查询和汇聚操作，在数据融合时，用户面向整个网络发出查询指令，网络中节点相应查询指令，向用户传输查询数据，在回送数据的过程中，中间节点可以执行数据融合策略进行数据融合，减少冗余数据，因此数据查询过程本质上就是一个数据融合过程。

6.5.1　问题的提出

美国教授 Zadch L. A. 于 1965 年提出了模糊集理论，以试图解决无法精确描述严格数学方法的模糊性问题。模糊预测控制算法经常用于非明确信息的信息处理和决策，以提高模糊控制或预测控制的性能。Zhao Yaguang（2013）将 BP 神经网络应用于数据融合，并得出利用 BPNN 在无线传感器网络中进行数据融合的数学模型、关键点、优缺点的详细分析。Yuan Xia（2010）将模糊预测用于输入输出的特征值提取和相关的最优化算法。Gao Yan‑Li 等（2006）将 BP 神经网络用于解决压力传感器数值和温度传感器数值的交叉影响，利用 PSO 算法训练多层转发神经网络的权值，数据融合的结果显示传感器的精度和稳定性都得到了极大的提高。He Yongjun 等（2011）提出了一个适用于多传感器数据融合以应对复杂应用场景的 BP 神经网络模型。W. C. Hoffmann 等（2007）基于多传感器节点的数值特征提取和合并提出了一个实用化的通用数据融合框架，这个框架为达到高性能模式识别集成了人工神经网络。

在本节研究中，数据融合的难点在于融合后的数据精度部分依赖于分散开的节点产生的数据。这就意味着在一个特定时刻节点分隔策略影响了数据的融合。本节提出的数据融合算法，首先利用模糊预测理论获取需剪除或融合的冗余样本或属性的特征信息，模糊预测基于 BP 神经网络进行，然后获取冗余数据分布模型。经过仿真和实验证明这个模型对传感器网络数据的聚类分析中非常高效。

本节利用模糊预测分析融合节点的数据，训练 BP 神经网络预测模型。神经网络是一个高度非线性系统，具有高度非线性的工作弹性，可用于节点数据间关联的非线性映射。预测方法不仅关注目标节点的过去和现在的数据，也关注目标节点的未来数据，尽量减少目标节点的数量和预测偏差，提高系统预测性能。模糊预测的优点是它不需要目标对象的精确数学模型，仅根据系列特定控制规则使用反映系统性能先验知识就可以达到效果。因此本节利用 BP 神经网络依据样本数据训练数据关联度的预测，并将这个预测结果应用在动态变化的数据的融合中。

6.5.2　数据融合算法

在现代建筑工业中，智能建筑是未来的发展趋势，智能建筑体现在信息的及时获取和精确的分析。对于信息获取来说，无线传感器网络可以应用于建筑物数据的实时获取，如温度、湿度、空气清洁度等数据，这些数据可以快速传递到网络中心节点，传感器节点可以在不更换电池的情况下工作 1～2 年。对于现代智能建筑物来说，节点的覆盖度、数据采集能力和工作寿命是一个重要的衡量指标。

无线传感器网络的数据融合集中在数据包层次和应用层次，数据包层次的数据融合有两种模式：非破坏式的和破坏式的。在非破坏时的数据融合算法中，所有数据包中的合法信息都会被保留，因此会产生大量冗余信息，减少数据的基本方法是减少冗余数据包；

破坏式的数据融合算法是减少直接融合冗余数据包，数据包内的数据信息会被修改，通过这种方式减少数据传输量。

为了保证建筑物环境参数监控的准确性，需要仔细考虑多传感器节点场景下每个节点感知数据的精确度。例如为了感知建筑物内每个房间的温度，需要考虑每个节点的具体位置，如位于门口的节点，位于房屋中间的节点和位于窗户旁的节点，他们感知的数据是不一样的，需要综合计算每个节点的感知数据才能全面了解整个房间的温度。为了上传温度数据，多个节点把数据传输给路由节点，由该节点完成数据融合的过程并将数据最终转发出去。本节讨论的算法应用了第二种数据融合方式，由融合节点基于神经网络建立数据融合模型，变多个数据为一条数据，从而减少冗余数据数量，减少能耗。

为减少数据融合复杂度，对无线传感器网络进行分簇。簇内分布式融合主要依靠控制策略，对普通节点的感知数据进行分类，感知数据由模糊关联函数进行聚类分析，然后进行可靠性、冗余性、冲突性的划分，最终保留可靠的数据，丢弃冗余数据，消除比阈值大很多倍的数据冲突。

以温度数据传输为例，在无线传感器网络时钟同步的基础上，在实验环境下，路由节点 R 收到三个终端节点 A、B、C 发送的温度数据，$T_{R(t-1)}$，$T_{A(t)}$，$T_{B(t)}$，$T_{C(t)}$ 分别代表了节点 R 上次传输的已经汇聚过的数据和本次节点 A、B、C 发送给节点 R 的数据。我们定义 $\Delta_1 = |T_{A(t)} - T_{R(t-1)}|$、$\Delta_2 = |T_{B(t)} - T_{R(t-1)}|$、$\Delta_3 = |T_{C(t)} - T_{R(t-1)}|$、$\Delta = \max\{|T_{A(t)} - T_{R(t)}|, |T_{B(t)} - T_{R(t)}|, |T_{C(t)} - T_{R(t)}|\}$ $|T_{B(t)} - T_{R(t-1)}|$，并且定义集合 Δ_1，Δ_2，Δ_3，Δ 为训练集样本。在数据融合时利用训练集样本训练结果预测数据的分类，生成相应的数据融合模型。

经过基于 BP 神经网络的模糊预测后，需要基于训练结果选择传感器温度数据融合策略：当 Δ_1、Δ_2 和 Δ_3 同时小于等于 M 时，可以认为收集到的传感器节点 A、B、C 的温度数据和上一轮采集周期的数据相同，数据融合节点 R 更新本轮数据为 $T_{R(t-1)}$，并选择不上传本轮的温度数据；当 $M<\Delta_1$，Δ_2，$\Delta_3<N$，时，可以认为节点 A、B、C 的温度数据和上一轮采集周期的数据有了相当大的不同，数据融合节点 R 基于收到的节点 A、B、C 的数据计算本轮融合后的温度数据为 $T_{R(i-1)}+(\Delta_1+\Delta_2+\Delta_3)/3$，并上传该数据；当 Δ_1，Δ_2，$\Delta_3\geqslant N$ 时，融合节点 R 判断来自节点 A、B、C 的温度数据发生了剧烈变化，节点 R 会尝试利用紧急传输路径将剧烈变化的数据尽快传递到上位机或控制器；当融合节点 R 判断某一个节点的数据变化 $\Delta>k$，但其他节点数据变化很轻微时，节点 R 判断该节点的传感器出现故障，把该节点列为不可靠节点，不再处理来自该节点的数据，并把该节点的状况报告给上位机或控制器。参数 M、N、K 的取决于节点采集数值的实际取值范围。算法设置了 61 组传感器数据作为训练样本。

表 6-1　仿真数据 $(i=1，2，3)$

Δ_i	Δ	二进制输出			
$\leqslant M$	$\Delta\leqslant K$	0	0	0	1
$M<\Delta_i<N$	$\Delta\leqslant K$	0	0	1	0
$\geqslant N$	$\Delta\leqslant K$	0	1	0	0
	$\Delta>K$	1	0	0	0

采用 BP 神经网络的关键是要建立网络拓扑结构和学习算法的选择。

6.5.2.1　网络结构设置

BP 神经网络是一种多层前馈神经网络，网络的主要特点是在信号通过前、先进行误差的反向传播。在正向过程中，输入信号从输入层通过隐藏层可以逐步处理，直到输出层。每一层神经元状态只影响下一层神经元状态。如果输出层没有预期输出，则进入反向传播，根据预测误差调整网络权值和阈值，使 BP 神经网络预测输出交织期望输出。

BP 网络的输入输出层神经元数目由输入输出向量的维数决定。

输入向量的维数,即因子的个数。由于融合节点有 3 个子节点来传输数据,所以输入层神经元数量为 3 个。根据无重传、需要重新计算重传、数据融合节点温度变化大、需要紧急传输且至少有一个节点不工作的结果,对应于目标输出模式分为(0001)、(0010)、(0100)、(1000)四个级别,输出层神经元数为 4 个。实践表明,增加隐层个数可以提高 BP 神经网络的非线性映射能力,但隐层数超过一定值,网络性能就会下降。隐层神经元数目的选择是根据经验选择的,本文将隐层神经元的数目设为 20 个。在 Mat-lab2012 仿真平台上,采用 3 - 20 - 4 结构模型,即输入层 3 个神经元,20 个隐藏神经元,4 个输出神经元。神经网络结构如下图 6 - 11 所示:

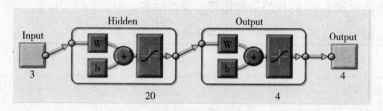

图 6 - 11　神经网络示意

6.5.2.2　神经网络学习算法

　　BP 神经网络预测模型采用三层神经网络结构。实际数据关联大多是一种非线性关系,神经网络如果不足三层结构无法近似非线性曲线,当超过三层时,当然也可以接近曲线,但这会增加计算的复杂性。对于 BP 神经网络,三层结构的模型可以逼近任何形式的曲线。三层结构是输入层、隐藏层和输出层。

　　BP 神经网络通常是基于 BP 神经网络结构形式的多层前向神经网络。在 BP 神经网络的网络结构中,最重要的是确定网络的层次和每一层的神经元数目。输入输出层神经元的数目通常根据输入输出数据的维数来确定。隐藏层的结构对整个网络的性能影响较大。每一层神经元的数目决定于根据具体的应用。BP 神经网络的基本学习规则是误差反向传播算法,但传统 BP 算法存在一些缺

陷。为了改进 BP 算法，基于梯度下降和高斯-牛顿法相结合的
Levenberg-Marquardt（L-M）算法是一种常用的数值优化算法。
它非常适用于函数拟合问题，并应用于神经网络，具有非线性学
习、收敛速度快、误差小等特点。BP 神经网络采用 L-M 算法局
部寻优是非常合适的。人工神经网络（Artificial Neural Network，
ANN）最大的优点是可以逼近任何复杂的非线性关系，充分具有
较强的学习能力和容错能力，能够同时处理定量和定性数据，采用
与其他控制方法和人工智能相结合的连接结构（Hou Degang et
al.，2009）。

将训练样本输入模型训练成网络，利用随机权值和阈值建立
BP 神经网络。预测数据输入训练预测模型可以通过预测结果的比
较，与实际分析预测模型的准确度和可用性。输入和输出变量将首
先在间隔［0，1］之间进行规范化处理，这是归一化之后的数据范
围（Li Ping，Zeng Lingke，2008）。假设 X 是当前数据值，X_{max}
是总体数据中的最大值，X_{min} 是整个数据的最小值，采用方程 $X=(X-X_{min})/(X_{max}-X_{min})$ 归一化。该方法简单，误差小，程序简单。

Patternnet（hiddenSizes，trainFcn）采用 N 个隐藏层大小的
行向量和反向传播训练函数，返回 $N+1$ 层模式识别网络。

隐层神经元的传递函数为 Sigmoid 型切线函数 Tansig。当输出
向量元素的值为 0 和 1 时，输出层神经元的传递函数为 Purelin。
基于梯度下降法和高斯-牛顿法结合 BP 神经网络优化方法（Lev-
enberg-Marquardt）的快速学习算法，根据 Levenberg-Mar-
quardt 优化方法，提出了一种网络训练函数 Matlab Trainlm，用于
函数拟合，收敛速度快，收敛速度快误差小的优点，通常是工具箱
中最快的反向传播算法，并且强烈推荐作为首选的监督算法，尽管
它确实比其他算法需要更多的内存。因此本算法选择 Trainlm 函数
作为学习算法。目标误差的学习精度也是网络的一个重要参数，本
算法在训练结束时决定研究如何确定误差的精度（C. Intanagonwi-
wat et al.，2000）。最小二乘法是应用最广泛的非线性算法。它是
利用梯度算法求取图像的最大（小）值，属于一种"爬升"方法。

它还具有梯度法和牛顿法的优点。当 λ 很小时,步长等于牛顿法的步长,当 λ 较大时,步长近似等于梯度下降法。

LM 算法是介于牛顿法和梯度下降法之间的一种非线性优化方法,对参数化问题不敏感,有效地处理了冗余参数,使代价函数陷入局部极小值的机会最小化,这些特点使得 LM 算法在计算机视觉等领域得到了广泛的应用。

算法训练过程如图 6-12 所示。

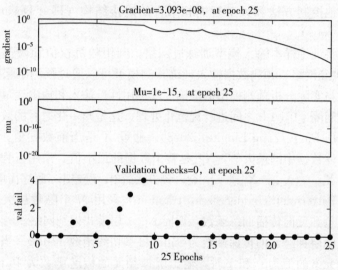

图 6-12 神经网络训练过程

仿真算法分为两步:第一步,输入训练样本得到训练结果,观察迭代步骤比较收敛速度。此时模拟值 $M=0.6$, $N=2.2$, $k=1.2$。第二步,导入验证样本,得到验证结果。第三步,输入样本进行预测误差曲线并得到运行结果,观察预测误差曲线的振荡和运算结果,得出预测误差值,比较预测模型的精度(Li Chao,2012)。得到的相应误差直方图如图 6-13 所示。

输入传感器温度数据作为训练样本数据,对网络进行训练、验证和预测。BP 神经网络经过多次训练,可以达到误差要求,即网络收敛性。网络训练后均方根误差(MSE)如图 6-14 所示。

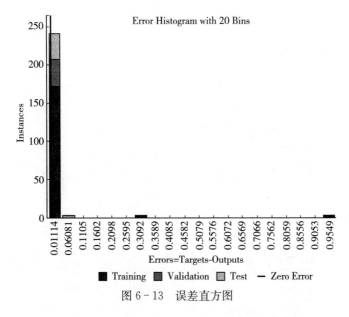

图 6 - 13 误差直方图

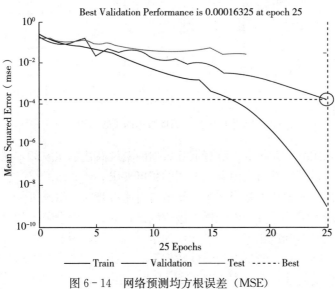

图 6 - 14 网络预测均方根误差（MSE）

经过多次训练，可以判断传感器节点 A、B 和 C 的温度数据可以映射为 (0001)，(0010)，(0100)，(1000) 代表的温度精度可以达到 100％（图 6-15）。

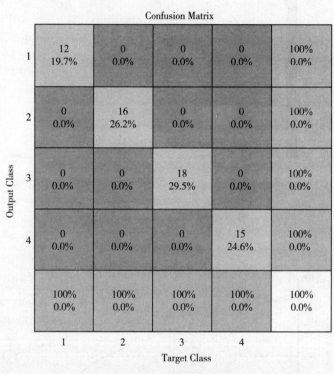

图 6-15　温度数据的关联

如图 6-16 所示，所有训练数据的精度高达 0.988 37，完全满足无线传感器网络室内温度监测的精度要求。

该算法的缺点是当多个终端节点发生故障时，情况可能无法准确判断，需要更多的训练样本进行测试。同时，融合节点的每一个增加子节点就意味着一个指标增加了训练样本，因此，在使用神经网络之前消除故障节点的温度数据是有帮助的。在三个终端节点数据融合前的消除算法中定义 $C_1 = |\Delta_1 - \Delta_2|$，$C_2 = |\Delta_1 - \Delta_3|$，$\Delta = |C_1 - C_2|$，如果三个终端节点的数据温度相差较大，则至少

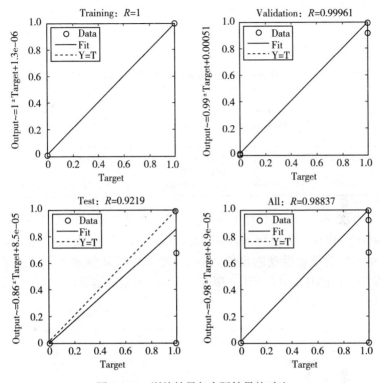

图 6-16　训练结果与实际结果的对比

有一个节点功能失效。用 M 来限制 BP 神经网络输入的插值 Δ。在传感器节点发生故障的情况下，对 C_1 和 C_2 排序，可以排除较大的值，并将故障报告直接发送给控制器。如果反之正常，则该算法将继续采用神经网络的数据融合策略。

　　以上模拟中，从训练结果的分类可以得到 100% 的准确率，但实际训练结果并不是期望的数据 0 或 1，而是无限接近该数值。当训练数值越接近期望值时，BP 神经网络的训练性能越好。因此，我们视图寻找一个更精确的训练网络。在另一个 BP 神经网络中，算法选择 "Newff" 函数建立网络，并使用上一个训练实验的不同参数。通过比较不同 BP 神经网络的预测结果，可以得到更高的模糊预测精度。模拟中，"Newff"函数创建一个前馈反向传播网络。最大训练次数设为 1 000，目标误差设为 0.01。上一次培训的结果如表 6-2 所示。

表 6-2　仿真中的培训参数及结果

项目	Transfun (hiddenlayer)	Transfun (output layer)	Training fun	Performance (err)
Patternnet	tansig	purelin	trainlm	0.009 8
Newff	tansig	logsig	trainlm	0.008 7

从表 6-2 中的性能结果（err 列）可以看出，利用"Newff"函数得到的 BP 神经网络训练结果 0.008 7 比"Patternnet"函数的 0.009 8 更接近预期输出值 0 或 1。输出的模糊预测和隶属度如图 6-17 和图 6-18 所示，图 6-19 是预期输出结果。

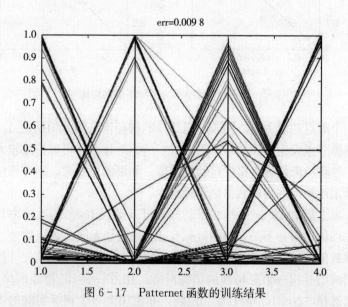

图 6-17　Patternet 函数的训练结果

err=0.008 7

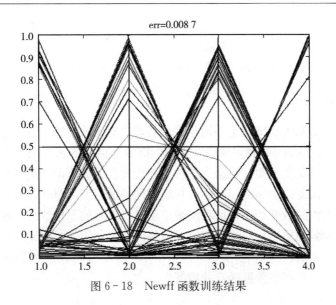

图 6-18　Newff 函数训练结果

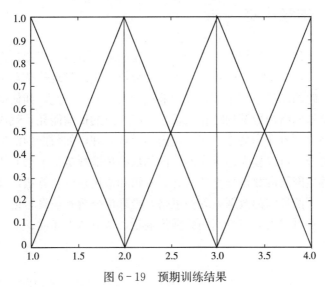

图 6-19　预期训练结果

对于一个输入温度集，期望的输出是列向量，如 [0 0 0 1]，这意味着我们应该在 x 坐标的横坐标 1、横坐标 2、横坐标 3、横坐标 4 处得到 0 或 1。在图 6 - 17 中，可以看到输出在横坐标 3 处接近 0 - 1 的中间，这不是一个好的训练结果。而在图 6 - 18 中，训练结果明显优于图 6 - 17。图 6 - 19 显示了理想的培训结果。

6.5.3 小结

本节基于模糊理论中的相关分类理论对无线传感器网络进行温度训练，通过 BP 神经网络，得到训练数据的隶属度，完成数据融合。通过仿真得知，根据上述融合算法融合，训练模型能准确估计出节点温度的隶属度。在室内环境相同的情况下，与融合节点在采集周期内的数据相比，该算法减少了融合节点的上传数据。接下来的工作是利用遗传算法优化神经网络的权值和阈值，得到最优的隶属度预测值，然后利用 BP 神经网络对模糊预测数据融合进行优化，进一步提高数据融合的精度。

6.6 本章小结

无线传感器网络的工作寿命取决于网络内节点的寿命，而节点的寿命又取决于节点的能量水平。经分析，人们发现传感器节点传输数据时的能耗占据了节点整个能耗的大部分。因此，如何减少无线传感器网络内数据的传输数量，节能节点的传输能耗，就成了决定网络工作寿命的关键因素。网内的数据处理，如数据的汇聚和信息的融合，可以极大地减少网络内的数据传输数量。本章介绍了无线传感器网络内数据处理的概念、术语和常用理论及算法，并在最后提出了两种网内数据处理的策略，经理论分析和仿真验证，这两种策略都可以大大减少网内数据传输量，节省节点能耗。

7 | 无线传感器网络的时钟管理

7.1 概述

    无线传感器网络是一种特殊类型的 Ad Hoc 网络，网络节点在不需要任何基础设施的情况下聚集在一起自发地形成一个网络。由于缺乏基础设施（如传统网络中的路由器），Ad Hoc 网络中的节点通过转发彼此的数据包以从源到目的地来协作通信。这就产生了一个多跳通信环境。虽然传感器网络是一种特殊类型的 Ad Hoc 网络，但它有其自身的特点，如能量非常有限，节点部署密度高，传感器节点价格便宜且不可靠。由于这些额外的限制因素，传感器网络被设计成执行复杂的任务，如紧急应用、环境监测、战场信息收集和许多其他用途，将物理世界与计算机虚拟世界连接起来。

    在集中式系统中，由于没有时钟模糊性，所以不需要同步时钟。进程通过向内核发出系统调用来获得时钟，当另一个进程尝试获取时钟时，它将获得相等或更高的时钟值。因此，有一个明确的事件顺序和事件发生的时钟。

    但一般分布式系统需要一定的时钟同步，即所有参与计算的单元同步到一个统一的时钟上。时钟同步是确保物理分布的处理器具有共同的时钟概念的过程，它对安全系统、故障诊断和恢复、计划操作、数据库系统和实际时钟值等许多领域都有重要影响。

    在分布式系统中，没有全局时钟或公共内存。每个处理器都有自己的内部时钟和时钟概念。实际上，这些时钟每天很容易漂移几秒，随着时间的推移，积累了大量的误差。另外，由于不同的时钟以不同的速率滴答作响，它们可能并不总是同步的，尽管它们在启动时可能是同步的。这显然给依赖于同步时钟概念的应用程序带来了严重的问题。对于大多数在分布式系统中运行的应用程序和算法，我们需要知道以下一个或多个者面的时钟。

- 系统中特定机器上发生事件的时钟；
- 系统中不同机器上发生的两个事件之间的时钟间隔；
- 系统中不同机器上发生的事件的相对顺序。

在数据库系统中，进程对数据库执行更新的顺序对于确保数据库的一致、正确的视图非常重要，为了确保事件的正确顺序，必须有一个共同的概念，即合作进程之间的时间间隔。A. D. Kshemka Lyani（2004）指出时钟同步通过用本地计算代替通信来提高分布式算法的性能。当一个节点 N 需要查询节点 M 的某个属性时，它可以利用它先前拥有的关于节点 M 的一些信息和它对节点 M 的本地时钟的知识来推断该属性。

分布式应用程序和网络协议使用超时是很常见的，它们的性能取决于物理上分散的处理器的时钟同步程度。当时钟同步时，这样的应用程序的设计就简化了。

无线传感器网络是一个典型的分布式系统，因此时钟同步是传感器网络的重要组成部分。计算机网络中的时钟同步旨在为网络中节点的本地时钟提供一个通用的时钟刻度。由于所有的硬件时钟都是不完美的，节点的本地时钟可能会在时钟上彼此偏离，因此网络中每个节点的观测时钟或时钟间隔的持续时钟可能不同。然而，对于许多应用程序或网络协议，要求存在一个共同的参考时钟，并且在任何特定时刻对网络中的所有或部分节点可用。

在每台机器都有自己的物理时钟的分布式系统中，时钟同步是非常重要的。在深入研究时钟同步的细节之前，须定义了时钟的概念。计算机时钟是一种电子设备，可以计算精确加工的石英晶体在特定频率下的振荡。它也是硬件和软件组件的集合，用于向操作系统及其客户端提供准确、稳定和可靠的时钟功能。计算机时钟本质上是计时器。定时器对晶体的振荡进行计数，该晶体与计数器寄存器和保持寄存器相关联。对于晶体中的每一次振荡，计数器都递减一次。当计数器变为零时，产生一个中断，并从保持寄存器重新加载计数器。因此，通过在保持寄存器中设置适当的值，可以对定时器进行编程，以每分钟产生 60 次中断，其中每个中断被称为时钟周期。

时钟值可以累积以获得一天中的时钟，结果可用于在该计算机上标记事件的时钟戳。实际上，分布式系统中每台机器中的石英晶体将以稍微不同的频率运行，从而导致时钟值逐渐偏离彼此。这种偏离被正式称为时钟偏差，它会导致系统中时钟的不一致。在分布式系统中，时钟同步是用来纠正这种时钟偏差的。实现这一目标有两种途径：

- 时钟与精确的实时标准时间。例如世界标准时间（Universal Coordinated time，UTC）同步，不仅必须彼此同步而且必须遵循统一的物理时钟。
- 对于可以用基于因果关系的逻辑时钟代替实时的应用。例如，互斥只需要两个进程同时访问关键部分的逻辑条件，时钟相对地彼此同步，因为只要求提供事件发生的顺序，而不是每个事件发生的确切时钟。对于只提供相对同步的时钟，只有基于因果关系的时钟一致性才是重要的，而不是物理时钟的同步性。这种时钟同步不在本章讨论范围之内。

7.2　网络时钟协议（Network Time Protocol，NTP）

本节讨论传统网络的时钟同步技术。互联网使用 NTP 协议作为网络时钟同步协议。网络时钟协议 NTP 最早由美国 Delaware 大学 Mills 教授设计实现，它是用来使计算机时钟同步化的一种协议，可以使计算机对其服务器或时钟源（如原子钟、GPS 卫星等国际标准时钟）做同步化，能够提供高精准度的时钟校正（LAN 上与标准间差小于 1ms，WAN 上与标准间差几十 ms），它由时钟协议、ICMP 时钟戳消息及 IP 时钟戳选项发展而来，是

OSI 参考模型的高层协议，它使用 UTC 作为时钟标准，是基于无连接的 IP 协议和 UDP 协议的应用层协议，使用层次式时钟分布模型，所能取得的准确度依赖于本地时钟硬件的精确度和对设备及进程延迟的严格控制。在配置时，NTP 可以利用冗余服务器和多条网络路径来获得时钟的高准确性和高可靠性。实际应用中，又有确保秒级精度的简单的网络时钟协议（Simple Network Time Protocol，SNTP）。NTP 协议使用专用端口 123 进行时钟信息的交换。

NTP 适用于网络环境下，可以在一个无序的网络环境下提供精确和健壮的时钟服务，NTP 是 TCP/IP 标准协议族的一员，从最初的 V1 版本到现在的 V4 版本已经变得越发稳定，目前支持的 RFC 有 RFC958、RFC1119、RFC1165 及 RFC1305 等。

7.2.1　NTP 协议和基本原理

NTP 的设计有三个参数——时钟偏移、时钟延迟及偏差量，它们都与指定参考时钟相关联。时钟偏移表示调整本地时钟与参考时钟相一致而产生的偏差数；时钟延迟表示在指定时钟内发送消息到达参考时钟的时延；偏差量表示了相对于参考时钟本地时钟的最大偏差错误。因为大多数主机时钟服务器通过其他对等时钟服务器达到同步，所以这三个参数中的每一个都有两个组成部分：其一是由对等服务器决定的部分，这部分是相对于原始标准时钟的参考来源而言；其二是由主机衡量的部分，这部分是相对于对等服务器而言。每一部分在协议中都是独立维持的，从而可以使错误控制和子网本身的管理操作变得容易。它们不仅提供了偏移和延迟的精密测量，而且提供了明确的最大错误范围，这样用户接口不但可以确定时钟参考值，而且可以确定时钟的准确度。

图 7-1 是对 NTP 协议报文的解析：

其中各个字段的含义如下：

- LI 闰秒标识器，占用 2bit；
- VN 版本号，占用 3bit，表示 NTP 的版本号，现在为 3；

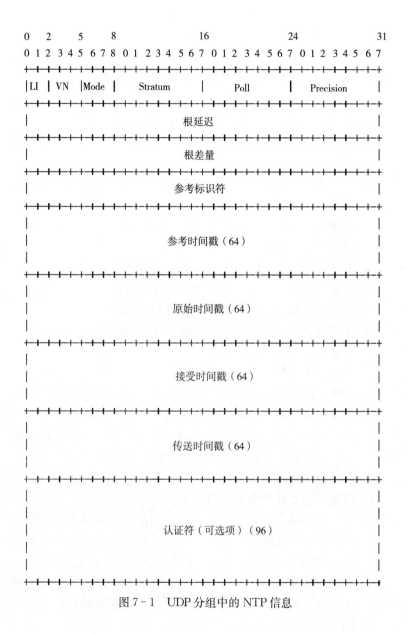

图 7-1　UDP 分组中的 NTP 信息

- Mode 模式，占用 3bit，表示模式，该字段包括以下值：
  0 -预留；1 -对称行为；3 -客户机；4 -服务器；5 -广播；
  6 - NTP控制信息；
- Stratum（层），占用 8bit，对本地时钟级别的整体识别；
- Poll 测试间隔，占用 8bit，表示连续信息之间的最大间隔；
- Precision 精度，占用 8bit，表示本地时钟精度；
- Root Delay 根时延，占用 8bit，表示在主参考源之间往返的总共时延；
- Root Dispersion 根离散，占用 8bit，表示与主参考源有关的误差方差；
- Reference Identifier 参考时钟标识符，占用 8bit，用来标识特殊的参考源；
- 参考时间戳，64bit，本地时钟被修改的最新时间；
- 原始时间戳，64bit，客户端发送的时间；
- 接受时间戳，64bit，服务端接收到的时间；
- 传送时间戳，64bit，服务端送出应答的时间；
- 认证符（可选项）。

NTP 协议可以应用在以下场景中：

- 确保系统之间的 RPC（远程系统调用）能够正常进行。为了保证一个系统调用不会重复进行，一个调用只在一个时间间隔内有效。如果系统间的时钟不同步，一个调用可能在还没有发生之前就会因为超时而不能进行。
- 有的应用程序需要知道一个用户是什么时候登录到系统的；以及一个文件的修改时间。
- 在一个网络中，系统之间的时钟相差一分钟或者更少的情况很多。如果网络很大，不可能完全依靠系统管理员手工输入 date（时间设置命令）命令来调节各个系统的时钟。
- 调试与事件时间戳（timestamps）：从不同路由器采集的调试与事件时间戳是没有什么意义的，除非这些路由器是以同一公共时间为参考。

- 事件：事物处理需要精确的时间戳（timestamps）。
- 仿真：复杂的事物往往需细分，由多个系统来处理，为保证事件的正确顺序，多个系统必须参考同一时钟。
- 系统维护：完成某些功能如同时重装（reload）网络内的所有路由器，整个网络必须拥有公共时钟。

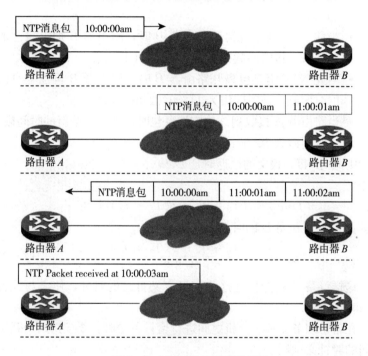

图 7 - 2　NTP 服务过程示意图

图 7 - 2 所示的是 NTP 基本工作原理，路由器 A 和路由器 B 通过网络相连，它们都有自己独立的系统时钟，要实现各自系统时钟的自动同步，进行如下假设：

- 路由器 A 和 B 的系统时钟同步之前，路由器 A 的时钟设定为 10：00：00am，路由器 B 的时钟设定为 11：00：00am。
- 以路由器 B 为 NTP 时间服务器，即路由器 A 将使自己的时钟与路由器 B 的时钟同步。

- 数据包在路由器 A 和 B 之间单向传输所需要的时间为 1 秒。

则系统时钟同步的工作过程如下：

- 路由器 A 发送一个 NTP 消息包给路由器 B，该消息包带有它离开路由器 A 时的时间戳，该时间戳为 10：00：00am（T_1）。
- 当此 NTP 消息包到达路由器 B 时，路由器 B 加上自己的时间戳，该时间戳为 $11:00:01$am（T_2）。
- 当此 NTP 消息包离开路由器 B 时，路由器 B 再加上自己的时间戳，该时间戳为 $11:00:02$am（T_3）。
- 当路由器 A 接收到该响应消息包时，加上一个新的时间戳，该时间戳为 $10:00:03$am（T_4）。

则此时 NTP 报文的往返时延 $Delay$：

$$Delay = (T_4 - T_1) - (T_3 - T_2) = 2\mathrm{s} \qquad (7-1)$$

设备 A 相对于设备 B 的时间差 $Offset$ 为：

$$Offset = \frac{(T_2 - T_1) + (T_3 - T_4)}{2} = 1\mathrm{h} \qquad (7-2)$$

这样设备 A 就能根据这些信息定义自己的时钟，使之与设备 B 的时钟同步。

在备份服务器和客户机之间进行增量备份时，要求这两个系统之间的时钟必须同步。

7.2.2 NTP 的工作模式

按照实现同步所必需的模式组合，NTP 有以下几种常用的模式：

- 服务器/客户端模式（server/client）
- 对等体模式（symmetric active/symmetric passive）
- 广播模式（broadcast server/broadcast client）
- 组播模式（multicast server/multicast client）

用户可以根据需要选择合适的工作模式。在不能确定服务器或对等体 IP 地址、网络中需要同步的设备很多等情况下,可以通过广播或组播模式实现时钟同步;客户端/服务器和对等体模式中,设备从指定的服务器或对等体获得时钟同步,增加了时钟的可靠性。

7.2.2.1 服务器/客户端模式

如图 7-3 所示,在客户端/服务器模式中,客户端向服务器发送时钟同步报文,报文中的 Mode 字段设置为 3(客户端模式)。服务器端收到报文后会自动工作在服务器模式,并发送应答报文,报文中的 Mode 字段设置为 4(服务器模式)。客户端收到应答报文后,进行时钟过滤和选择,并同步到优选的服务器。

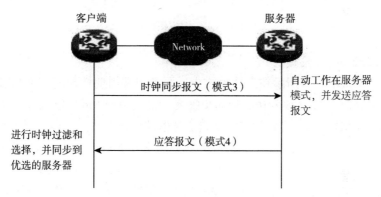

图 7-3 服务器/客户端模式

在该模式下,客户端能同步到服务器,而服务器无法同步到客户端。

7.2.2.2 对等体模式

如图 7-4 所示,在对等体模式中,主动对等体和被动对等体之间首先交互 Mode 字段为 3(客户端模式)和 4(服务器模式)的 NTP 报文。之后,主动对等体向被动对等体发送时钟同步报文,报文中的 Mode 字段设置为 1(主动对等体),被动对等体收到报文后自动工作在被动对等体模式,并发送应答报文,报文中的 Mode 字段设置为 2(被动对等体)。经过报文的交互,对等体模式建立起来。主动对等体和被动对等体可以互相同步。如果两者的时钟都已经同步，则以层数小的时钟为准。

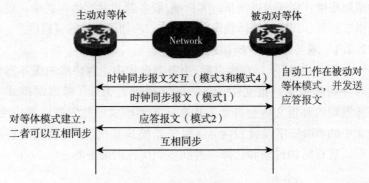

图 7-4　对等体模式

7.2.2.3　广播模式

如图 7-5 所示在广播模式中，服务器端周期性地向广播地址 255.255.255.255 发送时钟同步报文，报文中的 Mode 字段设置为 5（广播模式）。客户端侦听来自服务器的广播报文。当客户端接收到第一个广播报文后，客户端与服务器交互 Mode 字段为 3（客户模式）和 4（服务器模式）的 NTP 报文，以获得客户端与服务器间的网络延迟。之后，客户端就进入广播客户端模式，继续侦听广播报文的到来，根据到来的广播报文对系统时钟进行同步。

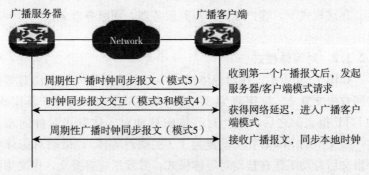

图 7-5　广播模式

7.2.2.4　组播模式

　　如图 7-6 所示在组播模式中，服务器端周期性地向用户配置的组播地址（若用户没有配置组播地址，则使用默认的 NTP 组播地址 224.0.1.1）发送时钟同步报文，报文中的 Mode 字段设置为 5（组播模式）。客户端侦听来自服务器的组播报文。当客户端接收到第一个组播报文后，客户端与服务器交互 Mode 字段为 3（客户模式）和 4（服务器模式）的 NTP 报文，以获得客户端与服务器间的网络延迟。之后，客户端就进入组播客户模式，继续侦听组播报文的到来，根据到来的组播报文对系统时钟进行同步。

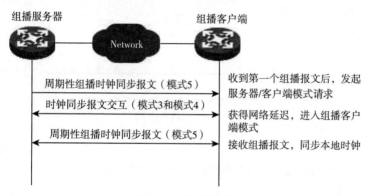

图 7-6　组播模式

7.2.3　NTP 实现模型

　　如图 7-7 显示了 NTP 实现模型，模型中一台主机上运行了三个进程和一个本地模块，这三个进程共享同一分块的数据文件，每一个对等体使用数据文件中一个特定的分块，三个进程通过报文传送系统互相连接。三个进程分别是：

- 发送进程：由每个对等体中的独立的计时器控制，收集数据文件中的信息并向它的对等体发送 NTP 报文；每个 NTP 报文中包括报文发送时的本地时间戳、上次接收到报文的时间戳和其他确定层次和管理关联所必需的信息。

- 接收进程：接收 NTP 报文（也可能包括其他协议的报文）和来自与主机直接相连的 Radio Clocks 的信息。
- 本地时钟进程：根据由更新过程中产生的偏移数据用第五部分中描述的机制对本地时钟的相位和频率进行调节。

本地模块是本地更新过程，在接收到 NTP 报文时或其他时间启动，它处理来自每一个对等体的偏移数据，并用协议中定义的选择算法选择出最好的对等体。

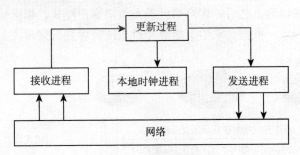

图 7-7　NTP 模型

7.3　无线传感器网络中的时钟同步

时钟同步对无线传感器网络的性能有着重要的影响，主要体现在以下几个方面：

- 数据命名和融合的需要。无线传感器网络是一个以数据为中心的网络，数据的采集、分类、命名、汇聚、融合、传输等操作通常根据数据的属性选择相应的策略，数据产生的时钟正是数据最重要的属性之一，通常可以作为标识数据性质的关键参数，如在环境监测、战场监视等应用中，相邻节点产生的时钟一直的参数，在传输过程中可以认为是观测到同一事件发生的数据进行标识、汇聚、融合等处理，以提高单个数据的精确度，减少数据传输数量。
- 网络协议设计的需要。无线传感器网络是一个自组织的分布式网络，通过无线信道发送和接收数据，为了提高无线信道的利用效率，减少数据丢失率，无线传感器网络在MAC层经常采用TDMA的信道访问者式，节点在分配给自己的时隙内完成数据的收发工作，这样可以减少数据传输中的碰撞概率，提供数据传功成功率，从而减少节点能耗，而采用TDMA信道访问者式的前提是一个簇内，或者一片区域内的节点具有形同的时钟，这样所有节点才能保证在彼此错开的时隙内工作。

- 网络管理和节点调度的需要。通常无线传感器网络中的节点由电池供电，能源供给情况决定了节点和网络的工作寿命情况。为了尽量延长网络工作寿命，节点可以采取工作、休眠交替进行的工作策略，灵活调整工作、休眠时钟占比，达到减少节点能耗、延长网络工作寿命的目的。为了保证网络中所有节点能够在调度策略的调度下在同一时钟从休眠中醒来，继续能够组成一个保证一定程度连通度和覆盖度的网络，检测到目标或事件的发送，感知到必需的数据，传输到基站或最终用户，节点需要同步到足够精确的时钟。

传统的时钟同步协议虽然在有线网络中得到了广泛的应用，然而它们不适合于无线传感器网络。无线传感器网络中的时钟同步需要更新和更健壮的者法。深入了解无线传感器网络所带来的挑战对于成功设计此类网络的同步协议至关重要。

7.3.1 时钟同步面临的挑战

虽然无线传感器网络具有巨大的潜力，并将深度改变我们的技术生态和生活，但有一些技术问题亟待解决，其中时钟同步是一个重要的研究热点。在无线传感网网络中解决分布式时钟同步面临的主要困难有：

7.3.1.1 有限能量

当计算设备的效率快速提高时，无线传感器网络的能量消耗正成为一个瓶颈。由于传感器体积小，价格便宜，传感器网络可以使用数千个传感器。这样就不可能将每一个传感器连接到一个电源上。此外，无人操作的需要要求传感器由电池供电。由于此类传感器可用的能量相当有限，因此必须在保持能量的同时实现同步，以有效地利用这些传感器。

7.3.1.2 有限带宽

在无线传感器网络中，处理数据所消耗的能量比传输数据要少得多。目前，无线通信被限制在 10～100kB 的数据速率。G. Pottie 和 W. Kaiser（2000）已经证明，在 100m 以上传输 1B 所需的能量，即 3J，可用于执行 300 万条指令。带宽限制直接影响传感器之间的消息交换，没有消息交换就不可能实现同步。

7.3.1.3 有限硬件

传感器节点由于其体积小，其硬件通常受到很大的限制，对计算能力和存储空间的限制带来了巨大的挑战。一个典型的传感器节点，如伯克利 Mica2 Mote 有一个小型太阳能电池，一个运行速度为 10MHz 的 8 位 CPU，128kB 到 1MB 的内存，通信范围不到 50m。J. Hill 等（2004）调查了一些传感器网络平台以及最流行的传感器体系结构，如 Spec、Smartdust、Intel 的 Imote 和 Stargate。图 7-8 显示了典型传感器节点的配置。传感器的尺寸不能增加，因为那会使其消耗更多的能量。这将阻止部署数千个传感器节点，这通常是几个关键应用程序高效运行所需的。

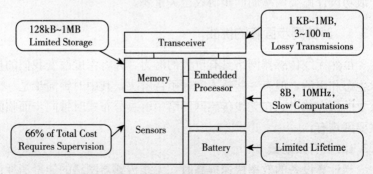

图 7-8　典型传感器节点硬件模块（Mica Node）

7.3.1.4 网络连接不稳定

无线网络通常具有的一个潜在优势是移动性。移动 Ad Hoc 网络正变得越来越流行，但必须解决以下问题：

- 移动传感器的通信范围非常有限（20～100m），这使得传感器节点之间的信息交换变得困难；
- 无线媒体不受外部干扰的屏蔽，这可能导致高百分比的信息丢失；
- 无线连接受到带宽限制和间歇性连接的影响；
- 由于节点的移动性，网络拓扑结构经常发生变化，因此有必要对网络进行动态重新配置。

7.3.1.5 传感器与物理世界的紧密耦合

无线传感器网络致力于监测现实世界的现象，网络设计是根据所感知的特定环境而定制的。由于无线传感器网络用于关键和多样化的应用，如军事跟踪、森林火灾监测和地理监测，因此必须对网络进行定制以适应应用。例如，传感器可用于测量温度、光线、声音或湿度，应用程序（如森林火灾监测）决定使用的传感器类型（例如温度传感器）。

7.3.2 时钟同步设计关键因素

在过去的几十年里，研究人员为传统有线网络开发了各种各样的时钟同步协议，然而，由于无线传感器网络的特殊性、局限性和动态性，这些协议不能直接应用于无线传感器网络。下面列出了无线传感器网络时钟同步算法的几个重要的设计注意事项。

7.3.2.1 节能原则

无线传感器网络使用的协议，节能非常重要。传统的协议如 NTP 和 TEMPO 使用外部时间标准，如 GPS（全球定位系统）或 UTC（世界标准时间）来同步整个网络。然而，GPS 的使用对传感器网络中通常不可再生的能量提出了很高的要求。这使得网络很难维持一个共同的时间概念。

无线传感器网络应尽量选择多个短距离传输而不是单个长路径

传输来节省能耗，这两种方法都会减少传输数据包所需的端到端总能量，通过该方法在给定的距离内传输功率更低或数据传输速度更高，这意味着在大型传感器网络中，数据是按顺序或逐跳传输的，而不是直接从源节点发送到接收者。

无线传感器网络可以使用主动式和反应式同步协议，主动式协议保持对网络内部所有节点的跟踪，随时掌握所有可能的路由和节点状态，反应式协议不主动维护路径和同步信息，只在需要时才进行同步。反应式协议可以节省能量，因为节点不会在任何时候试图保持同步而浪费能量。

7.3.2.2　基础设施

在许多关键传感器网络应用中，网络是以自组织式部署的，自组织是指由于网络节点不停移动，节点不断地改变其邻居和结构，网络需频繁自动维护网络连通性。这就彻底使得无线传感器网络不能使用类似于 NTP 这样的基础协议。

7.3.2.3　端到端延迟

传统的有线网络是完全连接的网络，其中信息传播和（中间）排队延迟的变化相对较小。此外，任何节点都可以在任何时间点直接向另一个节点发送消息，这意味着整个网络中的端到端延迟是恒定的。传感器网络的覆盖范围可能很大，必须同时处理节点移动型和竞争性共享信道上带来的不可靠无线传输，这些特性使得假设网络中节点之间有一个单一的延迟限制是不切实际的。因此，传感器网络需要使用定位算法来减少这种延迟误差以及抖动，即传输时间不可预测的变化。

7.3.2.4　报文丢失和报文传递

传统有线网络的容错算法通过发送额外的消息来处理消息丢失，这样可以确保每个节点都参与同步，从而得到更好的同步精度。有线网络中的一些协议采用平均法来计算两个节点之间的延迟，这是保持时钟同步的一个关键，而由于无线传感器网络中数据传输会消耗大量能源，同时由于网络的动态性、间歇性连接以及每个节点有限的通信范围而造成的传输不可靠，在传感器网络中处理消息丢失和通过平均来估计消息延迟会非常不经济。

7.3.3 同步协议的分类

无线传感器网络应用非常广泛，从简单的停车场监控到地震检测等重大安全应用，都可由无线传感器网络实现。由于大多数网络与应用的耦合非常紧密，因此用于同步的协议各有自己的特点。我们根据这两类特征对同步协议进行分类：

- 同步机制
- 应用特性

7.3.3.1 同步机制

主从与对等同步：主从协议指定一个节点作为主节点，其他节点作为从节点。从节点将主节点的本地时钟视为参考时间，并尝试与主节点同步。一般来说，主节点需要的 CPU 资源与从节点的数量成正比，具有强大处理器或较轻负载的节点才会成为主节点。Mock 等人（2000）的算法由于采用了基于 IEEE 802.11 的时钟同步协议，实现简单、无冗余，采用了主从结构，S. Ping（2003）的协议也遵循主从模式。

而大部分的无线传感器网络的时钟同步协议，如 RBS（J. Elson et al.，2002）、Romer 协议（K. Romer，2001）、Pal-Chaudhuri 等（2003）提出的协议、Su 和 Akyildiz（2005）的时间扩散协议、Li 和 Rus（2004）的异步扩散协议都基于对等结构。对等结构中任何节点都可以直接与网络中的其他节点进行通信。这消除了主节点的单点失效性的风险。对等同步机制提供了更多的灵活性，但也更难以控制。

时钟校正与无约束时钟：大多数算法通过校正节点的本地时钟来实现同步，使本地时钟与参考时钟或某一个标准时间一致。参与同步的节点的本地时钟被即时或连续地校正，以保持整个网络的同步。

另一种同步的策略是不再设置统一的标准参考时钟，这种做法正变得越来越流行，因为其可以节省大量的能量。RBS 建立了一个参数表，这些参数将网络中每个节点的本地时钟与其他每个节点的本地时钟相关联。节点根据这个表比较彼此的本地时间戳，从而在没有标准参考时钟的情况下使所有节点维护一个全局的同步时钟。Romer 协议使用了同样的原理。时间戳在节点之间互相交时，并考虑节点间的往返时延和消息的空闲时间，然后把交换的时间戳转换成接收节点的本地时钟值。

内部同步与外部同步：内部同步中，不存在一个实时的标准时钟，这种同步的目的是使节点间的时钟偏差最小，M. Mock 等人（2000）的协议就是典型的内部时钟同步协议。

而在外部同步中，算法需提供一个标准时钟源，如世界标准时间 UTC，这个时间通常称为参考时间，传感器的本地时钟试图同步到这个标准时钟。NTP 是典型的外部时钟同步协议。传感器网络中的大多数协议不使用外部同步者法，除非应用有特殊要求，这是因为传感器网络优先考虑能量效率，使用外部时钟源通常会导致高能量需求。

概率型同步与确定型同步：概率型同步算法为网络提供一个同步机制，该机制可以以一定的概率保证系统中所有节点的时钟被同步到某一时钟，或者时钟偏移值被限制在某一个范围内。概率型同步的引入是为了尽量减少同步信息的传输，因为强制确保所有节点都能同步到某一时钟的代价可能会非常高昂。

与概率型同步相反，确定型同步致力于为节点提供一个确保能够同步到某一时钟或时钟偏移值在一定范围内的算法，无线传感器网络中的大部分时钟同步算法是确定型同步算法，包括 Sichitiu 和 Veerarittiphan（2003）、RBS（2002）和时间扩散协议（W. Su, I. Akyildiz，2005）等。

发送者—接收者同步和接收者—接收者同步：大多数同步算法需要发送者发出的信息中携带一个时间戳，以作为同步依据，是的接收者和发送者能够同步到同一个时钟。这些者法可称为发送者—接收者同步机制，对于消息延迟的变化是比较敏感。而另一类同步算法，如 RBS，可称为接收者—接收者同步算法，根据比较每个接收者接收到同一信息所用的时间作为同步依据，计算每个节点的时钟漂移，是接收者能够同步到同一时钟。

7.3.3.2　应用特性

单跳网络与多跳网络：在单跳网络中，传感器节点可以直接与网络中的任何其他传感器节点通信和交换消息，因此这种网络实现同步非常简单。

多跳网络是指随着无线传感器网络规模的不断扩大，单个节点不能直接和所有节点直接通信，必须借助于若干个中间节点的转发才能够完成通信的网络。网络规模的扩大对算法的复杂度提出了更高的要求。

固定网络与移动网络：大多数传感器网络与应用紧密耦合，同步协议取决于具体的应用。移动性是无线网络的固有优势，但对同步算法的要求更高，因为移动性会导致网络拓扑结构的频繁变化，对算法的健壮性提出了更高的要求。

在固定的传感器网络中，传感器节点不移动，如用于环境监测或交通监测的应用，传感器节点被固定在一个位置，用于监测车辆在某个区域的运动。对于这些传感器网络，部署完成后网络拓扑结构将保持不变。

在移动网络中，传感器节点可以移动，当移动的节点互相进入对方的通信覆盖范围内时，两个节点才能完成信息的交互。这种网络的拓扑变化频繁，需要算法重新计算节点间的路由、或重新划分簇、或时刻维护节点间的通信状态。K. Romer（2001）提出的算法可以处理由于节点移动性而导致的网络拓扑的频繁变化，是一个适用于移动网络的同步协议。

基于 MAC 层的协议与普通协议：MAC 层是开放系统互连（OSI）模型数据链路层的一部分。该层负责以下功能：

- 为其上的层提供与链路相关的可靠性。
- 防止传输冲突，以便一个发送者和接收者节点之间的信息传输不会干扰其他节点的传输。

基于 MAC 协议实现的同步算法可以有效地利用 MAC 层来达到更好的节能效果，而节能对于无线传感器网络至关重要。专门针对无线传感器网络提出的 MAC 协议有以下几种：

- S‑MAC（传感器 MAC）
- PAMAS（功率感知多址协议）
- EC‑MAC（节能 MAC）
- PRMA（分组预约多址接入 MAC）
- DQRUMA（分布式队列请求更新多址）
- MDR‑TDMA（多业务动态预约 TDMA）

7.4 低工作周期网络中的时钟同步

本节提出一个针对低工作周期无线传感器网络的时钟同步算法。算法中，网络中的节点需要组织成一个生成树或分层的结构，节点可以通过捎带或监听的方式获知它和邻居节点之间的时钟偏差估算值，一旦一个公共参考节点，对于小型网络通常是 SINK 节点或用户工作站，对于大型网络通常是一组选举出来的节点，发出一个公共参考同步信息包后，节点可以根据信息包里携带的公共时钟和时钟偏移集将自己的时钟与公共参考节点的时钟同步起来。万一一个节点因为未知因素丢失了自己的同步信息后，这个节点可以根据最大似然估计者法调整自己的时钟，重新获得同步。

7.4.1 相关工作

有许多针对无线传感器网络的时钟同步算法被提了出来，如 RBS，公共参考节点广播出一个不含本地时钟信息的公共参考包，接收节点收到参考包后互相交换它们的时钟，从而完成互相之间的同步。这种模式下，参考信息的不确定性会被消除，不过带来的开销是大量额外信息的传输。PBS（K. L. Noh et al.，2008）是另外一种两两同步的时钟同步算法，PBS 允许节点通过偷听两邻居节点信息交换的方式实现时钟同步，在一跳范围内两个邻居节点的信息交换可以完成该范围内所有节点的时钟同步，因此相对于 RBS 可以极大减少网络同步开销。在 TPSN（S. Ganeriwal et al.，

2003）中，在时钟同步前一个分层的拓扑结构会首先构建出来，每个节点通过交换两次同步信息完成和自己的参考节点之间的时钟同步，TPSN 不估计节点的时钟漂移，所以这个算法的精度相比于其他算法要低一些。

FTSP（M. Maroti et al.，2004）是一种无线传感器网络上时钟同步的事实上的标准。FTSP 会首先动态选举一个公共参考节点，该参考节点会周期性地面向全网广播参考信息包，该信息包里包含有该节点的当前时钟信息。每个收到该参考信息包的节点可以根据信息包里的时钟信息，利用最小二乘回归算法，得出自己和公共参考点时钟之间的线性关系，因此接收节点可以估算自己的时钟，从而达到全网时钟同步的目的。但 FTSP 依赖于全网内周期性洪泛传输的公共参考时钟信息包，而这种机制对于低工作周期的无线传感器网络通常是不可能实现的。

梯度时钟同步算法（Gradient Time Synchronization Protocol，GTSP）是另外一种无线传感器网络时钟同步算法，该算法的目的是优化时钟偏移。GTSP 是一个完全分布式的算法，所有的节点都同步到自己的邻居节点，该算法同样不适用于低工作周期无线传感器网络，因为这种场景下节点的邻居节点可能不能按时清醒（P. Sommer，R. Wattenhofer，2009）。

Kasim Sinan Yildirim 等（2014）先后提出了 EGSync 和 FCSA 算法。EGSync 算法中，每个节点除了和一个公共参考节点同步外，还需要和自己的邻居节点同步，公共参考节点周期性洪泛时钟信息。FCSA 中，每个节点和自己的邻居节点遵循同一协议强制性工作在同一工作频率上，节点同步到一个周期性广播时钟信息的公共参考节点上。和 GTSP 类似，这两种算法同样不适用于低工作周期的无线传感器网络。

7.4.2　模型和分析

本节中，无线传感器网络的模型为一个图 $G = \{V, E\}$，其中 $V = \{1, 2, \cdots, n\}$ 代表网络中的节点集合，$E = V \times V$ 代表节点间的双向通信链路。每一个可以和特定节点 U，$U \in V$ 直接通信的节点称为节点 U 的邻居节点，标识为：$N(U) = \{v \in V \mid (U, V) \in E\}$，$\mid N(U) \mid$ 用来标识节点 U 的邻居数目。

本节中时钟同步算法的基本步骤如下所示：网络中的所有节点估算自己与邻居节点间的时钟漂移，同时也估算自己与公共参考节点间的时钟漂移。对于节点 U，它和邻居节点间的时钟漂移集合被记为 $\Theta(U) = \{\theta_{Uv} \mid v \in N(U)\}$，它和公共参考节点间的时钟漂移被记为 θ_U。公共参考节点，对于小型低工作周期无线传感器网络来说可能是 Sink 节点或用户工作站，对于大型低工作周期无线传感器网络来说可能是一组随机选择出来的节点，周期性广播时钟参考分组，该分组包含一个本地参考时钟 $T_{reference}$ 和一个时钟偏移集合 V_{drift}，这个集合初始情况下是空集。每个通过邻居节点接收到时钟参考分组的节点，根据本地时钟信号 $T_{reference}$ 和时钟漂移集合 V_{drift} 调整自己的时钟，然后把两节点间的时钟漂移附加到集合 V_{drift} 尾部，然后把公共参考分组再次发送出去。例如，节点 J 收到了节点 I 发送来的公共参考时钟和时钟漂移集合 $\{T_{reference}$，V_{drift} $(\theta_{db}$，θ_{be}，$\cdots$，$\theta_{hI})\}$，节点 J 会根据 $T_{reference}$ 和 V_{drift} 计算本地时钟，然后把时钟漂移 θ_{IJ} 添加到集合 V_{drift} 的尾部，此时集合 V_{drift} 变为 V_{drift} $(\theta_{db}$，θ_{be}，$\cdots$，θ_{hI}，$\theta_{IJ})$，然后这个公共参考分组被再次转发出去。

7.4.2.1　如何获取 $\Theta(U)$

如 TPSN 算法描述的，对于无线传感器网络中的两个邻居节点，同步发起者 A 可以（如图 7-9 所示）同步到自己的邻居节点 B，发起者 A 发出一个包含本地时钟 T_1 的初始化信息给自己的邻居，邻居 B 在时刻 T_2 收到这个信息后，T_1 和 T_2 之间的时钟差值包含 A 和 B 之间的时钟漂移 t_{db} 和通信传播时延 d_{db}，经过一个随机长度的时钟间隔后，邻居 B 在 T_3 时刻发送一个确认信息分组给发起者 A，确认分组内包含 T_1，T_2 和 T_3 三个时刻，一旦发起者 A 在 T_4 时刻收到确认分组后，就可以根据下列计算公式得到时钟漂移 t_{db} 和通信传播时延 d_{db}：

$$t_{ab} = \frac{(T_2 - T_1) - (T_4 - T_3)}{2} \qquad (7-3)$$

$$d_{ab} = \frac{(T_2 - T_1) + (T_4 - T_3)}{2} \qquad (7-4)$$

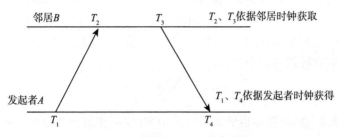

图 7-9　时钟同步双向信息交换

通信传播时延 d_{ab} 非常微小，在同步算法中可以被忽略，因此我们需要知道时钟漂移 t_{ab} 的值。通过这种者式测量得到的 A、B 之间的时钟漂移不够精确，为了获得更精确的 t_{ab}，我们可以让两个节点多测测量它们之间的 t_{ab}，记为：$(t_{ab}^{(1)}, t_{ab}^{(2)}, \cdots, t_{ab}^{(n-1)}, t_{ab}^{(n)})$。

Kyoung-Lae Noh 等（2007）已经证明这种双向信息交换时时钟漂移分布是一个高斯分布，那么根据最大似然估计（Maximum Likelihood Estimation，MLE），似然函数为：

$$L(t_{ab}^{(1)}, t_{ab}^{(2)}, \cdots, t_{ab}^{(n-1)}, t_{ab}^{(n)} \mid \theta_{ab}, \sigma_{ab}^2) = \left(\frac{1}{2\pi\sigma_{ab}^2}\right)^{n/2}$$

$$\exp\left[-\frac{\sum_{i=1}^{n}(t_{ab}^{(i)} - \overline{t_{ab}})^2 + n(\overline{t_{ab}} - \theta_{ab})^2}{2\sigma_{ab}^2}\right] \qquad (7-5)$$

对该函数的对数形式偏微分，让 $\frac{\partial L(t_{ab}^{(1)}, t_{ab}^{(2)}, \cdots, t_{ab}^{(n-1)}, t_{ab}^{(n)} \mid \theta_{ab}, \sigma_{ab}^2)}{\partial \theta_{ab}} = 0$，得到时钟漂移 θ_{ab} 的期望值为：

$$\theta_{ab} = \overline{t_{ab}} = \frac{\sum_{i=1}^{N} t_{ab}^{(i)}}{N} \qquad (7-6)$$

对于微小又能源受限的传感器节点来说，频繁进行节点间的双向通信时是非常耗能的。可以让节点在传输数据或广播信息是捎带发送自己的时钟信息，或者监听邻居节点与其他节点通信时发送的时钟信息。网络中每个节点在发送和接收信息时都把自己的本地时钟添加到信息中，同时偷听邻居节点发送出来的分组，获得邻居的时钟信息，计算本时刻的时钟漂移，重新计算时钟漂移期望值 θ_{ab}。假设节点 A 计算得到当前时刻和邻居 B 之间的时钟漂移是 t'_{ab}，之前存贮的两个节点间的时钟漂移期望值是 θ_{ab}^{old}，计算次数是 N，那么新的时钟漂移期望值是：

$$\theta_{ab}^{new} = \frac{N\theta_{ab}^{old} + t'_{ab}}{N+1} \qquad (7-7)$$

7.4.2.2 如何在小型低工作周期 WSN 中同步到一个公共时钟

对于某种类别的应用，如建筑物监控和智能家居，一个小型的低工作周期无线传感器网络可能包含数十或数百个节点。为了把该类型无线传感器网络的所有节点同步到同一个标准时钟，一个公共参考节点，通常是 Sink 节点或工作站，周期性广播一个参考分组，分组中包含一个参考本地时钟和一个时钟漂移集合。这个在网络中会逐跳广播发送。当网络中第 j 个节点从它的第 i 个邻居处分组，节点 j 会收到一个公共参考时钟 $T_{reference}$ 和一个时钟漂移集合 $\mathbf{V}_{drift}$ $(\theta_{ab}, \theta_{bc}, \cdots, \theta_{hi})$。$T_{reference}$ 是公共参考节点发送的参考时钟信息，$\mathbf{V}_{drift}$ $(\theta_{ab}, \theta_{bc}, \cdots, \theta_{hi})$ 是参考分组逐跳发送到节点 i 时路径上每个节点附加的时钟偏移信息。

因为路径上每个节点的时钟是独立工作的，时钟偏移 t_{xy} (x 和 y 是路径上两个节点) 互相之间独立的。假设从参考节点到节点 j 的总的时钟漂移是 $t_j = t_{ab} + t_{bc} + \cdots + t_{hi} + t_{ij}$，既然 t_{xy} (x, y 是路径上两个节点) 是高斯分布，t_j 是一个正态分布，它的期望值是：

$$\theta_j = \theta_{ab} + \theta_{bc} + \cdots + \theta_{hi} + \theta_{ij} \qquad (7-8)$$

因此节点 j 可以利用 $T_{reference}$ 和 θ_j 计算自己的时钟为 $T_{reference} + \theta_j$，同时记录 θ_j 为自己与参考时钟之间的时钟偏移期望值。

另外，由于在低工作周期场景下，节点工作时钟不定，可能丢失自己与公共参考节点之间的时钟同步，这种丢失可能因为参考分组的丢失，传输时信道竞争失败，休眠时钟过长等。对于在整个同步周期内都没有接收到参考分组的节点，会判断自己已经丢失了时钟同步信息，这种情况下，该节点，如节点 j，会通过发送一个同步请求尝试同步到自己的某一个邻居节点，一旦收到来自某一个邻居节点 i 的包含参考时钟信息 $T^i_{reference}$ 的相应分组，节点 j 会通过计算 $T^i_{reference} + \theta_{ij}$ 得到自己的参考时钟。

当节点醒来时，其他节点仍都处于休眠状态，该节点既不能同步到参考节点，也不能同步到邻居节点，这时该节点会把自己的时钟设置为 $T_{localtime} - \theta_j$，以实现节点自己的自同步。

当然这时仍然存在节点的自同步失败的可能，这时该节点时钟保持在清醒状态，或者在几个同步周期内保持清醒状态，以时刻准备接受来自参考节点的参考分组，以求同步到公共参考节点的时钟。只有当节点已经同步到公共参考时钟后，该节点才会重新进入休眠状态。

本时钟同步算法的伪代码如下所示：

Initialization Θ (j) by piggybacking and overhearing；
After receiving a reference packet：
  calculate θ_j；
  set local time as $T_{reference} + \theta_j$；
If not receive any reference packets for a synchronization cycle：
  Send a synchronization request to neighbors；
  If receive a synchronization replay from one of neighbors，node i：
    set local time as $T_{reference} + \theta_{ij}$；
  Else
    self - synchronized by set time as $T_{localtime} - \theta_j$；
    If not synchronized yet：
      Keep awake until be synchronized to the reference node；
    End If
  End If
End If

7.4.2.3 如何在大型低工作周期 WSN 中同步到一个公共时钟

另外，对于一些需要大量节点协同工作的场景，如环境监测、战场监控等应用来说，网络覆盖半径可能达到数公里远，需要的节点可能成千上万，这种无线传感器网络下，要求所有的节点全部同步到远者同一个公共参考节点的通信和计算开销可能非常巨大，非常不经济，甚至于存在因为同步过程中远者节点已经休眠而同步失败的可能。

在这种场景下，在一个时钟同步周期内，为了减少时钟漂移的累计误差，从参考节点到达同步节点的路径长度需要受到限制，因此时钟同步需要在几个区域或分簇内同时进行。当时钟同步机制开始后，网络中每个节点将以概率 p 自愿选择自己为公共参考节点，同时向自己的邻居节点发送包含本地时钟信息和时钟漂移集合的参考信息分组。为了限制同步区域的大小，这个参考分组的广播跳数将被限制为 k。在 k 跳范围内接收到参考分组的节点加入该参考节点代表的同步区域，选择其为本区域的簇头和公共节点，把自己的时钟同步到该参考节点，同步过程与前文描述的过程一致，同时丢弃到所有后来收到的其他参考节点发送来的参考信息。有可能有节点始终收不到来自其他参考节点的同步信息，这时候，经过等待一段估算时钟 t（t 为估算的参考分组从参考节点到达其他节点的平均时钟）后，该节点强制推举自己为一个独立的同步区域的参考节点，向外广播同步参考信息。

如果一个节点，无论是自愿还是强制，始终充当公共参考节点，相对于普通节点，它的能耗会大大增加，最终会形成网络中的瓶颈节点，这样对整个网络的工作寿命是有害的。同时如果一个同步区域始终保持不变，这个区域的时钟和其他区域的时钟也会因为积累的时钟漂移而出现区域间时钟不同步的现象。因此为了平衡各节点的能耗，减少不同区域间的时钟误差，每次时钟同步过程中尽量选择不同的节点为公共参考节点。

该算法的核心参数是节点推举自己为公共参考节点的概率 p 和限制同步区域的跳数 k。假设每个传感器节点在部署时，某一个区域部署密度遵守同向空间泊松分布，强度为 λ，概率 p 的值为：

$$p = \left[\frac{1}{3c} + \frac{\sqrt[3]{2}}{3c(2 + 27c^2 + 3\sqrt{3}\,c\,\sqrt{27c^2 + 4}\,)^{1/3}} \right.$$
$$\left. + \frac{(2 + 27c^2 + 3\sqrt{3}\,c\,\sqrt{27c^2 + 4}\,)^{1/3}}{3c\sqrt[3]{2}} \right]^2 \qquad (7-9)$$

式中，$c = 3.06\alpha\sqrt{\lambda}$.

跳数 k 的值为：

$$k = \left| \frac{1}{r}\sqrt{\frac{-0.917\ln(\alpha/7)}{p\lambda}} \right| \qquad (7-10)$$

式中，r 为传感器节点的通信半径，α 是一个网络部署时事先根据部署策略决定的参数，α 越小，同步区域半径越大。

7.4.3 仿真与验证

利用 NS2 模拟器来仿真验证本书的算法。无线传感器网络的节点经常使用的典型晶体振荡器的频率精度是 40PPM，即不同节点间的时钟偏移大概是每秒 $40\mu s$（或每小时 0.144s）（Yik‐Chung Wu et al.，2011）。所以，在节点上增加了一个时钟同步模块，这个模块可以产生一个遵守正态分布、期望值是 20PPM 的时钟偏差值。

首先，在一个 1 000m×1 000m 的区域内部署了 500 个节点，这是模拟了一个典型的环境监测场景。每个节点的工作周期是 10s，然后节点陷入一个 10min 的休眠期。一个随机的节点被挑选出来担任 Sink 节点，该节点每 5 个工作周期广播一个公共参考分组。每一轮仿真的持续时钟为 3h，将仿真运行了 50 次，获取同步结果计算平均值。为了与其他算法对比，同时仿真了 FTSP、FC-SA 两个算法。表 7‐1 显示了三种同步算法的时钟漂移平均值，从中可以看出，当工作周期不长时，算法 ASTS 的表现与 FCSA 类似，但远远优于 FTSP。

表 7 - 1　三种算法的时钟漂移对比

	ASTS	FTSP	FCSA
Max. Time Drift	23.3μs	45.4μs	24.2μs
Average Time Drift	12.1μs	24.8μs	12.3μs

　　为了观察长工作周期场景下三种算法的表现，把仿真时钟延长至 6h、12h 和 24h。如图 7 - 10 所示，从仿真时钟延长后三种算法的平均时钟偏移值可以了解到，随着工作周期的延长，ASTS 算法的时钟漂移值保持稳定的状态，而其他两种算法的时钟漂移值都呈现增加的态势，其中 FTSP 算法的漂移值增加得更快速些。通过进一步分析发现，FTSP 和 FCSA 算法漂移值的增加，是因为随着网络工作时钟的延长，网络中的节点开始丢失自己的同步信息。

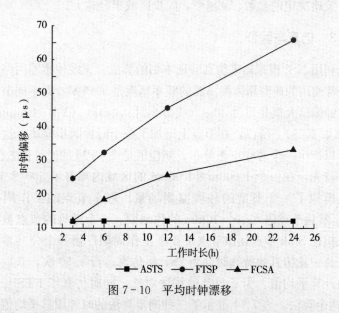

图 7 - 10　平均时钟漂移

　　本书同样计算了三种算法下丢失同步信息的节点的数量。图 7 - 11 是 ASTS、FSTP 和 FCSA 三种算法的仿真结果。从图 7 - 11 中可以看出，随着仿真时钟的延长，ASTS 算法中丢失同步信息的节点数量保持稳定，数量较小，其他两种算法随着仿真时钟的延长，都有大量的节点开始丢失同步信息，因此 ASTS 算法更适用于低工作周期的无线传感器网络的时钟同步。

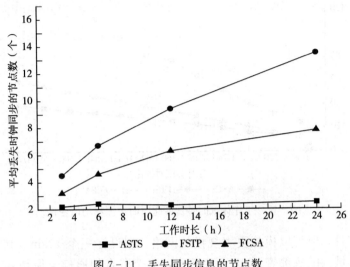

图 7 - 11　丢失同步信息的节点数

　　根据常识判断，一个工作周期内，保持清醒的节点数与陷入休眠的节点数的比值越小，时钟同步的精度越低。对于一个典型的环境监测或建筑物监控应用场景，节点可能只需要每天工作 10min，剩下的时钟全部进入休眠状态。所以根据这种场景仿真从工作休眠时钟比值为 1/60（10m 工作，10min 休眠）到 1/720（1min 工作，12h 休眠）等不同场景。图 7 - 12 显示了随着比值的变化，三种算法时钟漂移均值变化的情况。对于 FTSP 算法，随着工作休眠比值的变小，时钟漂移数值和丢失同步信息的节点数都呈现指数级的增加，另外两种算法的时钟漂移数值和丢失同步信息节点数虽然也在增加，但变化规律可以近似看成是线性的，而 ASTS 算法的增加幅度又要小于 FCSA 算法的增加幅度。

　　本书同时应用 JiST 仿真工具模拟了大规模无线传感器网络采用三种时钟同步算法的表现。JiST 模拟器是一个类似于 NS2 的仿

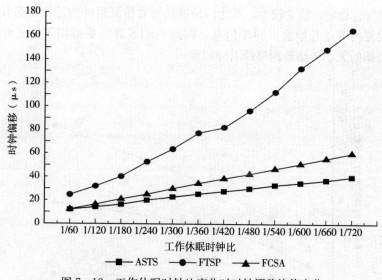

图 7-12 工作休眠时钟比变化时时钟漂移均值变化

真工具，但可以模拟更大规模的网络。假设在一个 10km×10km 的区域内随机部署了 10 万个节点，每个节点的通信半径是 50m，工作周期是 24h，工作周期内工作时钟是 1h，其他时钟陷入休眠。在工作时钟内，节点完成数据感知、与邻居通信、获取同步信息、转发数据等功能。

表 7-2 显示了三种算法在该种应用场景下的平均时钟漂移值，可以看到，ASTS 的表现要远远优于 FTSP 和 FCSA 算法，主要原因是随着网络规模的扩大，FSTP 和 FCSA 算法积累的时钟漂移误差要远远大于 ASTS 算法。

表 7-2   大规模无线传感器网络中的平均时钟漂移均值

	ASTS	FTSP	FCSA
最大时钟偏移	0.34ms	2.51ms	1.93ms
平均时钟偏移	0.21ms	1.89ms	1.57ms

表 7-3 显示了三种算法在大规模无线传感器网络中应用时丢失

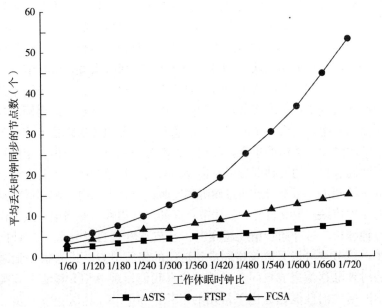

图 7 - 13　工作休眠时钟比变化时丢失同步信息节点数的变化

同步信息的节点数，同样因为网络规模的扩大，FSTP 和 FCSA 算法这个丢失同步信息的节点数目大大增加，分别达到了总节点数的 7.5% 和 5.5%，这种丢失率可能会大大影响网络性能，严重时网络甚至瘫痪不能正常工作。而 ASTS 算法的表现要远远优于另外两种算法，这是因为 ASTS 算法限制了网络中时钟同步区域的大小，同步是区域内节点保持在连接状态，可以协同工作完成同步算法。

表 7 - 3　大规模无线传感器网络丢失同步信息节点数

	ASTS	FTSP	FCSA
丢失同步信息节点数（个）	134	7 458	5 456

7.4.4　小结

时钟同步是低工作周期无线传感器网络的一个关键问题，但还没有专门针对这种网络设计的时钟同步算法。FTSP 应用在该种场景下时同步精度较差，FCSA 算法随着该种网络中节点休眠时钟的边长而表现不稳定。本章提出了一种专门针对低工作周期无线传感器网络的时钟同步算法 ASTS，对于小规模网络来说，所有节点同步到一个共同的公共参考节点，对于大规模网络来说，节点同步到一组随机选举产生参考节点。同步过程中，参考节点会广播同步参考信息分组，内含一个同步时钟信息和记录分组传播路径上所有节点的时钟漂移数值的集合，收到该参考分组的节点会根据特定计算者法同步自己的时钟到参考时钟上，从而保持整个网络中所有节点的时钟同步。每个节点通过偷听和监听的方式获取自己和邻居节点的时钟信息，独立自己和邻居节点间的时钟漂移。网络中节点工作时钟越长，时钟同步精度越高。一旦节点发现自己丢失了时钟同步，该节点可以采取策略同步到自己的邻居节点，或者根据记录的时钟漂移值完成自同步。通过仿真我们发现 ASTS 算法在该类型网络中的性能远远优于常用的 FSTP 和 FCSA 算法。下一步工作将是建立含有 20 个节点的实验平台，在实验平台上验证 ASTS 算法。

7.5　本章小结

　　无线传感器网络是一个分布式信息处理系统，对时钟同步有着天然的需求。由于无线传感器网络的特点，常规的时钟同步算法无法直接应用于无线传感器网络。本章介绍了无线传感器网络对时钟同步的要求及面临的限制，介绍了人们已经提出的若干种时钟同步算法，并在章节最后提出了一种可以自适应及自同步的时钟同步算法，并通过仿真验证了算法的有效性。

参 考 文 献

蒋畅江，向敏，2013. 无线传感器网络：路由协议与数据管理 [M]. 北京：人民邮电出版社：40 - 41.

乐俊，张维明，肖卫东，汤大权，唐九阳，2011. 无线传感器网络中一种基于非均匀划分的分簇数据融合算法 [J]. 计算机研究与发展，48（suppl.）：247 - 254.

唐贤伦，2007. 混沌粒子群优化算法理论及应用研究 [D]. 重庆：重庆大学.

田乐，谢东亮，韩冰，张雷，程时端，2006. 无线传感器网络中瓶颈节点的研究 [J]. 软件学报，17（4）：830 - 837.

徐立志，等，2001. 现代数学手册：计算机数学卷 [M]. 武汉：华中科技大学出版社：539.

Andreas Savvides, Chih - Chieh Han, Mani B. Strivastava, 2001. Dynamic fine - grained localization in Ad Hoc networks of sensors [R]. Proc. of ACM Mobicom.

Andy Ward, Alan Jones, A. Hopper, 1997. A new location technique for the active office [J]. IEEE Personal Communications, 4 (5).

A. D. Amis, R. Prakash, T. H. P. Vuong, D. T. Huynh, 2000. Max - Min D - Cluster Formation in Wireless Ad Hoc Networks [R]. Proceedings of IEEE INFOCOM, March.

A. Manjeshwar, D. P. Agarwal, 2001. TEEN: a routing protocol for enhanced eficiency in wireless sensor networks [R]. 1st International Workshop on Parallel and Distributed Computing Issues in Wireless Networks and Mobile Computing, April.

A. Manjeshwar, D. P. Agarwal, 2002. APTEEN: A hybrid protocol for eficient routing and comprehensive information retrieval in wireless sensor networks [R]. Parallel and Distributed Processing Symposium. , Proceedings International, IPDPS 2002, 195 - 202.

A. Okabe, B. Boots, K. Sugihara, S. N. Chiu, 2000. Spatial Tessellations: Concepts and Applications of Voronoi Diagrams [M]. 2nd ed., Wiley, July.

A. Perrig, R. Szewczyk, V. Wen, D. Culler, J. D. Tygar, 2001. SPINS: Security protocols for sensor networks [R]. Proceedings of ACM MobiCom' 01, Rome, Italy: 189 - 199.

A. Woo, D. Culler, 2001. A transmission control scheme for media access in sensor networks [R]. Proceedings of ACM MobiCom' 01, Rome, Italy, July: 221 - 235.

Banon, G., 1981. Distinction between several subsets of fuzzy measures [J]. Fuzzy Sets Syst. 5, 3 (May), 291 - 305.

Baran, R. H., 1989. A collective computation approach to automatic target recognition [R]. Proceedings of the International Joint Conference on Neural Networks. Vol. I. IEEE, Washington, D. C., 39 - 44.

BASS, T., 2000. Intrusion detection systems and multisensor data fusion [J]. Comm. ACM 43, 4 (April), 99 - 105.

Bezdek, J. C., 1981. Pattern Recognition with Fuzzy Objective Function Algorithms. Advanced Applications in Pattern Recognition [M]. Kluwer Academic Publishers, Norwell, MA.

Bhaskar Krishnamachari, Deborah Estrin, Stephen Wicker, 2002. The Impact of Data Aggregation in Wireless Sensor Networks [M] //Jean B., Lodger F., Rachid G., Arno J., Gero M. eds. Proc. of DEBS02. DEBS. New York: IEEE press.

Biswas, R., Thrun, S., Guibas, L. J., 2004. A probabilistic approach to inference with limited information in sensor networks [R]. Proceedings of the 3rd International Symposium on Information Processing in Sensor Networks (IPSN'04), 269 - 276.

Brooks, R. R., Iyengar, S., 1998. Multi - Sensor Fusion: Fundamentals and Applications with Software [R]. Prentice Hall PTR, Upper Saddle River, NJ.

Buede, D. M., 1988. Shafer - Dempster and Bayesian reasoning: A response to Shafer - Dempster reasoning with applications to multisensor target identification systems [J]. IEEE Trans. Syst., Man Cyber. 18, 6 (November/December), 1009 - 1011.

B. Karp, H. T. Kung, 2000. GPSR: Greedy perimeter stateless routing for wireless sensor networks [R]. Proceedings of the 6th Annual ACM/IEEE International Conference on Mobile Computing and Networking (MobiCom' 00), Boston, MA, August.

Chalermek Intanagonwiwat, Ramesh Govindan, Deborah Estrin, John Heidemann, Fabio Silva, 2003. Directed Diffusion for Wireless Sensor Networking [J]. IEEE/ACM Transactions on Networking, 11 (1): 2 - 16.

Chan Yet, W. , Qidwai, U. , 2005. Intelligent sensor network for obstacle avoidance strategy [R]. Proceedings of the 4th IEEE Conference on Sensors. IEEE, Irvine.

Cheng, Y. Kashyap, R. L. , 1988. Comparison of Bayesian and Dempster's rules in evidence combination. [M] //Maximum - Entropy and Bayesian Methods in Science and Engineering, G. J. Erickson and C. R. Smith, Eds. Klewer, Dordrecht, Netherlands, 427 - 433.

Chiasserini, I. Chlamtac, P. Monti, A. Nucci, 2002. Energy Efficient design of Wireless Ad Hoc Networks [R]. Proceedings of European Wireless, February.

Christian Bettstetter Hannes Hartenstein, Xavier Perez - Costa, 2002. Stochastic Properties of the Random Waypoint Mobility Model: Epoch Length, Direction Distribution, and Cell Change Rate [R]. Proc. of ACM MSWiM'02.

Cui, X. , Hardin, T. , Ragade, R. , Elmaghraby, A. , 2004. A swarm - based fuzzy logic control mobile sensor network for hazardous contaminants localization [R]. Proceedings of the 1st IEEE International Conference on Mobile Ad - hoc and Sensor Systems (MASS'04). IEEE, Fort Lauderdale, 194 - 203.

C. E. Jones, K. M. Sivalingam, P. Agrawal, J. Cheng, 2001. A Survey of Energy Efficient Protocols for Wireless Networks [J]. Wireless Networks, 7 (4): 343 - 358.

C. E. Perkins, P. Bhagwat, 1994. Highly dynamic destination - sequenced distance - vector routing (DSDV) for mobile computers [J]. ACM Computer Communications Review, 24 (4): 234 - 244.

C. - F. Huang, Y. - C. Tseng, 2003. The coverage problem in a wireless sensor network [M]. Proc. 2nd ACM Int. Conf. Wireless Sensor Networks and

Applications (WSNA'03), San Diego, CA, Sept: 115 - 121.

C. Perkins, et al. , 2002. Ad Hoc On - Demand Distance Vector (AODV) Routing [R]. Internet Draft draftietf - manet - aodv - 11. txt, June.

C. Schurgers, M. B. Srivastava, 2001. Energy effcient routing in wireless sensor networks [R]. the MILCOM Proceedings on Communications for Network - Centric Operations: Creating the Information Force, McLean, VA.

C. Shurgers, M. B. Srivastava, 2001. Energy efficient routing in wireless sensor networks, Proc [R]. Military Communications Conf. (MilCom'01), Vienna, VA, Oct.

D. Estrin, R. Govindan, J. Heidemann, S. Kumar, 1999. Next century challenges: Scalable coordination in sensor networks [R]. ACM MobiCom'99, Washingtion, USA: 263 - 270.

D. J. Goodman, R. A. Valenzuela, K. T. Gayliard, B. Ramamurthi, 1989. Packet reservation multiple access for local wireless communications [J]. IEEE Transactions on Communications, 37: 885 - 890, Aug.

D. Raychaudhuri, N. D. Wilson, 1994. ATM - based transport architecture for multi - services wireless personal communication networks [J]. IEEE Journal on Selected Areas in Communications, 12: 1401 - 1414, Oct.

D. Tian, N. D. Georganas, 2002. A coverage - preserving node scheduling scheme for large wireless sensor networks, Proc [R]. 1st ACM Int. Workshop on Wireless Sensor Networks and Applications (WSNA'02), Atlanta, GA, Sept: 32 - 41.

D. W. Gage, 1992. Command control for many - robot systems, Proc [R]. 19th Annual AUVS Technical Symp. Reprinted in Unmanned Syst. Mag. 10 (4): 28 - 34.

E. Duarte - Melo, M. Liu, 2002. Analysis of Energy Consumption and Lifetime of Heterogeneous Wireless Sensor Networks [R]. in Proc. of IEEE Globecom'02.

E. Shih, S. Cho, N. Ickes, R. Min, A. Sinha, A. Wang, A. Chandrakasan, 2001. Physical layer driven protocol and algorithm design for energy - effcient wireless sensor networks [R]. Proceedings of ACM MobiCom'01, Rome, Italy, July: 272 - 286.

E. Y. Xu, J. Heidemann, D. Estrin, 2001. Geography - informed Energy Conservation for Ad Hoc Routing [R]. Proc. of ACM/IEEE MobiCom'01.

Fabian Kuhn, Roger Wattenhofer, Yan Zhang, Aaron Zollinger, 2003. Geo-
metric Ad Hoc Routing: Of Theory and Practice [R]. Proc. of 22nd ACM
Symposium on Principles of Distributed Computing (PODC 2003).

Fan Ye, Haiyun Luo, Jerry Cheng, Songwu Lu, Lixia Zhang, 2002. A Two –
tier Data Dissemination Model for Large – scale Wireless Sensor Networks [R].
Proc. of Mobicom'02.

F. Kuhn, R. Wattenhofer, A. Zollinger, 2003. Worst – Case optimal and aver-
age – case eficient geometric ad – hoc routing [R]. Proceedings of the 4th
ACM International Conference on Mobile Computing and Networking:
267 – 278.

F. Wang, J. Liu, 2008. RBS: A Reliable Broadcast Service for Large – Scale
Low Duty – Cycled Wireless Sensor Networks [R]. Pro. Of ICC'08.

F. Ye, G. Zhong, S. Lu, L. Zhang, 2005. GRAdient Broadcast: A Robust Da-
ta Delivery Protocol for Large Scale Sensor Networks [J]. ACM Wireless
Networks (WINET), 11 (2), March.

Gabe T. Sibley, Mohammed H. Rahimi, Gaurav S. Sukhatme, 2002. "Robo-
mote: A tiny mobile robot platform for large – scale ad – hoc sensor networks
[M] //William R Hamel, Anthony A M, eds. Proc. of ICRA'02. ICRA.
New York: IEEE press: 1143 – 1148.

Gabriel K. , Sokal R. , 1969. A new statistical approach to geographic variation
analysis [J]. Systematic Zoology 18: 259 – 278.

Gao Yan – li , Li U Shi – bin, 2006. Application of Neural Network Based on
PSO in Data Fusion of Sensor [J]. Chinese Journal Of Sensors And Actua-
tors, 4, 19.

Garvey, T. D. , Lowrance, J. D. , Fischler, M. A. , 1981. An inference tech-
nique for integrating knowledge from disparate sources [R]. Proceedings of
the 7th International Joint Conference on Artificial Intelligence (IJCAI'81).
William Kaufmann, Vancouver, British Columbia, Canada, 319 – 325.

Gay, D. , Levis, P. , von Behren, R. , Welsh, W. , Brewer, E. , Culler,
D. , 2003. The nesC language: A holistic approach to network embedded
systems [R]. Proceedings of the ACM SIGPLAN 2003 Conference on Pro-
gramming Language Design and Implementation, San Diego, CA, June.

Guoliang Xing, Chenyang Lu, Robert Pless, Qingfeng Huang, 2004. On Greedy Geographic Routing Algorithms in Sensing Covered Networks [R]. Proc. of ACM Mobicom.

G. D. Abowd, J. P. G. Sterbenz, 2000. Final report on the interagency workshop on research issues for smart environments [R]. IEEE Personal Communications, (October): 36 - 40.

G. Veltri, Q. Huang, G. Qu, M. Potkonjak, 2003. Minimal and maximal exposure path algorithms for wireless embedded sensor networks, Proc [R]. 1st Int. Conf. Embedded Networked Sensor Systems (SenSys'03), Los Angeles, Nov: 40 - 50.

H Sivasankari, et al. , 2011. Cluster Based Algorithm for Energy Conservation and Lifetime Maximization in Wireless Sensor [J]. International Journal on Computer Science and Engineering, 3 (10): 3457 - 3471.

Halgmuge, M. N. , Guru, S. M. , Jennings, A. , 2003. Energy efficient cluster formation in wireless sensor networks [R]. Proceedings of the 10th International Conference on Telecommunications (ICT'03). Vol. 2. IEEE, Papeete, French Polynesia, 1571 - 1576.

Hartl, G. , Li, B. , 2005. A Bayesian inference approach towards energy efficient data collection in dense sensor networks [R]. Proceedings of the 25th IEEE International Conference on Distributed Computing Systems (ICDCS'05). IEEE, Washington, 371 - 380.

He Yongjun, Zeng Wenquan, Zeng Wenying, 2011. Based on BP neural network multi - sensor optimization of data fusion technology to optimize [J]. Network and Communication, 22.

Hill, J. , Szewczyk, R. , Woo, A. , Hollar, S. , Culler, D. , Pister, K. , 2000. System architecture directions for network sensors [R]. In Proceedings of the 9th International Conference on Architectural Support for Programming Languages and Operating Systems (ASPLOS2000), Cambridge, MA, Nov.

Hou Degang, Zhen Jiazhang, Zhou Weili, 2009. The Biochemical Treatment of Water Quality Based on BP Artificial Neural Network Prediction [J]. Journal of Modern Chemical Industry, 12 (12).

Hyung Seok Kim, Tarek F. Abdelzaher, Wook Hyun Kwon, 2003. Minimum -

Energy Asynchronous Dissemination to Mobile Sinks in Wireless Sensor Networks [R]. Proceeding of ACM SenSys'03, Los Angeles, November.

I F Akyildiz, W Su, Y Sankarasubramaniam, E Cayirci, 2002. Wireless sensor networks: a survey [J]. Computer Networks, 38: 393 – 422.

Intae Kang; R. Poovendran, 2003. Maximizing static network lifetime of wireless broadcast Ad Hoc networks [R]. in Proc. of IEEE ICC 2003.

Iyengar, S. S. , Chakrabarty, K. , Qi, H. , 2001. Introduction to special issue on distributed sensor networks for real – time systems with adaptive configuration [J]. J. Franklin Inst. 338, 6 (September), 651 – 653.

I. Stojmenovic, X. Lin, 1999. GEDIR: Loop – Free Location Based Routing in Wireless Networks [R]. International Conference on Parallel and Distributed Computing and Systems, Boston, MA, USA, Nov. 3 – 6.

Jae – Joon Lee, Bhaskar Krishnamachari, C. – C. Jay Kuo, 2004. Impact of Energy Depletion and Reliability on Wireless Sensor Network Connectivity [m] //Raghuveer M. R. , Sohail A. D. , Michael D. Z. , eds. Proc. of SPIE DSS2004. SPIE 5440, 169 – 180.

Jamal N. Al – Karaki, A. E. Kamal, 2004. On the Correlated Data Gathering Problem in Wireless Sensor Networks [R]. Proceedings of The Ninth IEEE Symposium on Computers and Communications, Alexandria, Egypt, July.

Joseph Polastre, Jason Hill, David Culler, 2004. Versatile Low Power Media Access for Wireless Sensor Networks [R]. Proceedings of ACM SENSYS 2004, November.

Jun Luo, Jean – Pierre Hubaux, 2005. Joint Mobility and Routing for Lifetime Elongation in Wireless Sensor Networks [R]. Proc. of Infocom05.

J. Agre, L. Clare, 2000. An integrated architecture for cooperative sensing networks [R]. IEEE Computer Magazine, May: 106 – 108.

J. Elson, L. Girod, D. Estrin, 2002. Fine – Grained Network Time Synchronization using Reference Broadcasts [R]. Proc. Fifth Symposium on Operating Systems Design and Implementation (OSDI 2002), 36: 147 – 163.

J. H. Chang, L. T Assiulas, 2004. Maximum lifetime routing in wireless sensor networks [R]. IEEE/ACM Transactions on Networking, 12 (4): 609 – 619.

J. Kulik, W. R. Heinzelman, H. Balakrishnan, 2002. Negotiation – based protocols for disseminating information in wireless sensor networks [J]. Wireless Networks, 8: 169 - 185.

J. Rabaey, J. Ammer, J. L. da Silva Jr. , D. Patel, 2000. PicoRadio: Ad - hoc wireless networking of ubiquitous lowenergy sensor/monitor nodes [R]. Proceedings of the IEEE ComputerSocietyAnnualWorkshoponVLSI (WVLSI'00), Orlando, Florida, April: 9 - 12.

J. W. Hui, D. Culler, 2004. The Dynamic Behavior of a Data Dissemination Protocol for Network Programming at Scale [R]. Proc. of SenSys'04.

Kasim Sinan Yildirim, Aylin Kantarci, 2014. Time Synchronization Based on Slow - Flooding in Wireless Sensor Networks [J]. IEEE Transactions on Parallel and Distributed Systems, 25 (1).

Kewei Sha, Weisong Shi, 2005. Modeling the Lifetime of Wireless Sensor Networks [J]. SENSOR LETTERS, 3: 1 - 10.

Konstantinos Kalpakis, Koustuv Dasgupta, Parag Namjoshi, 2003. Efficient Algorithms for Maximum Lifetime Data Gathering and Aggregation in Wireless Sensor Networks [J]. ACM Computer Networks, 42 (6): 697 - 716.

Krishnamachari, B. , Iyengar, S. , 2004. Distributed bayesian algorithms for fault - tolerant event region detection in wireless sensor networks [J]. IEEE Trans. Comput. 53, 3 (March), 241 - 250.

Kyoung - Lae Noh, Qasim Mahmood Chaudhari, Erchin Serpedin, Bruce W. Suter, 2007. Novel Clock Phase Offset and Skew Estimation Using Two - Way Timing Message Exchanges for Wireless Sensor Networks [J]. IEEE Transactions on Communications, 55 (4).

K. Akkaya, M. Younis, 2004. Energy - Aware Routing to a Mobile Gateway in Wireless Sensor Networks [R]. Proceedings of the IEEE Globecom Wireless Ad Hoc and Sensor Networks Workshop, Dallas, TX, November.

K. Kalpakis, K. Dasgupta, P. Namjoshi, 2002. Maximum lifetime data gathering and aggregation in wireless sensor networks [R]. Proceedings of IEEE International Conference on Networking (NETWORKS '02), Atlanta, GA, August.

K. - L. Noh, E. Serpedin, K. A. Qaraqe, 2008. A new approach for time synchronization in wireless sensor networks: Pairwise broadcast synchronization [J]. IEEE Transaction on Wireless Communications, 7 (9).

K. Romer, 2001. Time Synchronization in Ad Hoc Networks [R]. Proc. ACM

Symposium on Mobile Ad Hoc Networking and Computing (MobiHoc'01), 173 – 182, Oct.

LAN MAN Standards Committee of the IEEE Computer Society, 1997. Wireless LAN medium access control (MAC) and physical layer (PHY) specification [M]. IEEE, New York, NY, USA, IEEE Std 802.11 – 1997 edition.

Laurent Massoulie, James Roberts, 2003. Bandwidth sharing: Objectives and algorithms [R]. IEEE/ACM Transaction on Networking, 10 (3): 320 – 328.

Lewis, T. W. Powers, D. M. W. , 2002. Audio – visual speech recognition using red exclusion and neural networks [R]. Proceedings of the 25th Australasian Conference on Computer Science. Australian Computer Society, Inc. , Melbourne, Victoria, Australia, 149 – 156.

Li Chao, 2012, The BP Neural Network Prediction Research and Its Application Based on Adaptive Genetic Algorithm [D]. Shanxi Normal University, Taiyuan.

Li Ping, Zeng Lingke, 2008. The BP Neural Network Prediction System Based on MATLAB Design [J]. Journal of Computer Applications and Software, 4 (25).

Li, S. , Lin, Y. , Son, S. H. , Stankovic, J. A. , Wei, Y. , 2004. Event detection services using data service middleware in distributed sensor networks [J]. Telecomm. Syst. 26, 2 – 4 (June), 351 – 368.

Liang, Q. , Ren, Q. , 2005a. Anenergy – efficient MAC protocol for wireless sensor networks [R]. 2005 IEEE Global Telecommunications Conference (GLOBECOM'05). Vol. 1. IEEE, St. Louis.

Liang, Q. , Ren, Q. , 2005b. Energy and mobility aware geographical multipath routing for wireless sensor networks [R]. 2005 IEEE Wireless Communications and Networking Conference (WCNC'05). Vol. 3. IEEE, New Orleans, 1867 – 1871.

L. Booth, J. Bruck, R. Meester, 2003. Covering algorithms, continuum percolation and the geometry of wireless networks [J]. Annals Appl. Probability 13 (2): 722 – 741.

L. Li, J. Y. Halpern, 2001. Minimum – energy mobile wireless networks revisited [R]. IEEE International Conference on Communications ICC'01, Helsinki，Finland，June.

L. Qing，Q. Zhu，M. Wang，2006. Design of a distributed energy - efficient clustering algorithm for heterogeneous wireless sensor networks ［R］. ELSEVIER，Computer Communications.

Madden，S. R. ，Franklin，M. J. ，Hellerstein，J. M. ，Hong，W. ，2002. TAG：A Tiny AGgregation service for ad - hoc sensor networks ［J］. ACM SIGOPS Oper. Syst. Rev. 36，SI（Winter）：131 - 146.

Meguerdichian S，Slijepcevic S，Karayan V，Potkonjak M. ，2001. Localized algorithms in wireless ad - hoc networks：Location discovery and sensor exposure ［R］. Proc. of the 2nd ACM Int'l Symp. on Mobile Ad Hoc Networking & Computing. Long Beach：ACM Press，106 - 116.

Mohamed A. Sharaf，Jonathan Beaver，Alexandros Labrinidis，Panos K. Chrysanthis，2003. TiNA：A Scheme for Temporal CoherencyAware in-Network Aggregation ［J］. Proc. of MobiDE'03.

M. Bhardwaj，A. Chandrakasan，2002. Bounding the lifetime of sensor networks via optimal role assignments ［R］. Proc. of IEEE INFOCOM'02.

M. Bhardwaj，T. Garnett，A. P. Chandrakasan，2001. Upper bounds on the lifetime of sensor networks ［R］. IEEE International Conference on Communications ICC'01，Helsinki，Finland，June.

M. J. Karol，Z. Liu，K. Y. ，1995. Eng An efficient demand - assignment multiple access protocol for wireless packet（ATM）networks ［J］. ACM/Baltzer Wireless Networks，1（3）：267 - 279.

M. Maroti，B. Kusy，G. Simon，A. Ledeczi，2004. The Flooding Time Synchronization Protocol ［R］. Proceeding of Sensys'04，November 3 - 5，Baltimore，USA.

M. Ogawa et al. ，1998. Fully automated biosignal acquisition in daily routine through 1month ［R］. International Conference on IEEE - EMBS，Hong Kong：1947 - 1950.

Ningning Hu，Li Li，Zhuoqing M. ，Peter Steenkiste，Jia Wang，2005. A Measurement Study of Internet Bottlenecks ［M］//Taieb Znati，Edward Knightly，Kia Makki，eds. Proc. of IEEE Infocom2005. INFOCOM. New York：IEEE press：1689 - 1700.

Nissanka B. Priyantha，Anit Chakraborty，Hari Balakrishnan，2000. The cricket location – support system [R]. Proc. of ACM Mobicom, Boston, MA.

Nowak, R., Mitra, U., Willett, R., 2004. Estimating in homogeneous fields using wireless sensor networks [J]. IEEE J. Select. Areas Comm. 22, 6 (August), 999 – 1006.

N. Bulusu, J. Heidemann, D. Estrin, 2000. GPS – less low cost outdoor localization for very small devices [R]. Technical report 00 – 729, Computer science department, University of Southern California, Apr.

N. Sadagopan, et al., 2003. The ACQUIRE mechanism for eficient querying in sensor networks [R]. Proceedings of the First International Workshop on Sensor Network Protocol and Applications, Anchorage, Alaska, May.

Ossama Younis, Sonia Fahmy, 2004. Heed: a Hybrid, Energy – Efficient, Distributed Clustering Approach for Ad Hoc Sensor Networks [J]. IEEE Transactions on Mobile Computing, 3 (4): 366 – 379.

Pan, H., Aanstasio, Z. – P., Huang, T., 1998. A hybrid NN – Bayesian architecture for information fusion [J]. Proceedings of the 1 998 International Conference on Image Processing (ICIP'98). Vol. 1. IEEE, Chicago, IL, 368 – 371.

Pinto, A. J., Stochero, J. M., De Rezende, J. F., 2004. Aggregation – aware routing on wireless sensor networks [R]. Proceedings of the IFIP TC6 9th International Conference on Personal Wireless Communications (PWC' 04). Lecture Notes in Computer Science, vol. 3 260. Springer, Delft, The Netherlands, 238 – 247.

P. Bonnet, J. Gehrke, P. Seshadri, 2000. Querying the physical world [J]. IEEE Personal Communications (October): 10 – 15.

P. Bose, P. Morin, I. Stojmenovic, J. Urrutia, 1999. Routing with guaranteed delivery in Ad Hoc wireless networks [R]. Proc. of Discrete Algorithms and Methods for Mobility (Dial – M) 48 – 55.

P. Favre et al., 1998. A 2V, 600 1A, 1 GHz BiCMOS super regenerative receiver for ISM applications [R]. IEEE Journal of Solid State Circuits 33: 2186 – 2196.

P. Johnson et al., 1996. Remote continuous physiological monitoring in the home [J]. Journal of Telemed Telecare 2 (2): 107 – 113.

P. Levis, N. Patel, D. Culler, S. Shenker, 2004. Trickle: A Self – Regulating

Algorithm for Code Propagation and Maintenance in Wireless Sensor Networks [R]. NSDI'04.

P. Santi, 2005. Topology Control in Wireless Ad Hoc and Sensor Networks [J]. Wiley, May.

P. Santi, D. M. Blough, 2003. The critical transmitting range for connectivity in sparse wireless Ad Hoc networks [J]. IEEE Trans. Mobile Comput. 2 (1): 25 - 39.

P. Sommer, R. Wattenhofer, 2009. Gradient Clock Synchronization in Wireless Sensor Networks, Proceeding of IPSN'09, March 31 - April 4, San Francisco, USA.

Q. Li, D. Rus, 2004. Global Clock Synchronization in Sensor Networks [R]. Proc. IEEE Conf. Computer Communications (INFOCOM 2004), 1: 564 - 574, Hong Kong, China, Mar.

Rajeevan Amirtharajah, Scott Meringer, Jose Oscar MurMiranda, Anantha Chandrakasan, Jeffrey Lang, 2000. A Micropower Programmable DSP Powered using a MEMSbased Vibration - to - Electric Energy Converter [R]. 2000 IEEE ISCC 2000 Vol. 43, February: 362 - 363.

Razvan Cristescu, Baltasar Beferull - Lozano, Martin Vetterli, 2004. On Network Correlated Data Gathering [R]. Proceedings of IEEE: 2571 - 2582, April.

Richard Korf, 1990. Real - time heuristic search [J]. Artificial Intelligence, 42 (2-3): 189 - 211, March.

Rosenblatt, F. , 1959. Two theorems of statistical separability in the perceptron [R]. Mechanization of Thought Processes. National Physical Laboratory, London, UK, 421 - 456.

R. Colwell, Testimony of Dr. Rita Colwell, Director, National Science Foundation, Before the Basic Research Subcommitte, House Science Committe, 1998. Hearing on Remote Sensing as a Research and Management Tool, September.

R. C. Shah, J. M. Rabaey, 2002. Energy aware routing for low energy Ad Hoc sensor networks, Proc [R]. IEEE Wireless Communications and Networking Conf. (WCNC'02), Orlando, FL, March.

Sam, D. , Nwankpa, C. , Niebur, D. , 2001. Decision fusion of voltage stability indicators for small sized power systems [R]. IEEE Power Engineering Society Summer Meeting. Vol. 3. IEEE, Vancouver, British Columbia, Canada, 1658 - 1663.

Savvides, A., Han, C., Andstrivastava, M. B., 2003. The n - hop multilateration primitive for node localization [J]. Mobile Netw. Appl. 8, 4 (August): 443 - 451.

Seema Bandyopadhyay, Edward J Coyle, 2003. An Energy Efficient Hierarchical Clustering Algorithm for Wireless Sensor Networks [M] //Fred Bauer, Jim Roberts, Ness Shroff, eds. Proc. of Infocom2003. INFOCOM. New York: IEEE press, 1713 - 1723.

Seth Hollar et. al., 2003. Solar Powered 10mg Silicon Robot [R]. MEMS 2003, Kyoto, Japan, January: 19 - 23.

Shafer, G., 1976. A Mathematical Theory of Evidence [M]. Princeton University Press, Princeton, NJ.

Shibo Wu, K. Selcuk Candan, 2004. GPER: Geographic Power Efficient Routing in Sensor Networks [R]. Proceedings of the 12th IEEE International Conference on Network Protocols (ICNP'04).

Shu, H. Liang, Q., 2005. Fuzzy optimization for distributed sensor deployment [R]. 2005 IEEE Wireless Communications and Networking Conference (WCNC'05). Vol. 3. IEEE, New Orleans, LA, 1903 - 1908.

Siaterlis, C., Maglaris, B., 2004. Towards multisensor data fusion for DoS detection [R]. Proceedings of the 2004 ACM Symposium on Applied Computing. ACM Press, Nicosia, Cyprus, 439 - 446.

Singh, A., Nowak, R., Ramanathan, P., 2006. Active learning for adaptive mobile sensing networks [R]. Proceedings of the 5th International Conference on Information Processing in Sensor Networks (IPSN'06), 60 - 68.

Sinha, A., Chandrakasan, A., 2001. Energy efficient system partitioning for distributed wireless sensor networks [R]. IEEE International Conference on Acoustics, Speech, and Signal Processing, 2: 905 - 908.

Smith, S. W., 1999. The Scientist and Engineer's Guide to Digital Signal Processing, 2nd ed. California Technical Publishing [M]. San Diego, CA.

Soro S., Heinzelman W. B., 2005. Prolonging the lifetime of wireless sensor networks via unequal clustering [R]. 19th IEEE International Parallel and

Distributed Processing Symposium.

Stann, F. , Heidemann, J. , 2005. BARD: Bayesian - assisted resource discovery in sensor networks. In 24th Annual Joint Conference of the IEEE Computer and Communications Societies (INFOCOM 2005), 866 - 877.

Sung Park, Mani B. Srivastava, 2002. Dynamic battery state aware approaches for improving battery utilization [R]. International Conference on Compilers, Architectures and Synthesis for Embedded Systems 2002.

SunHee Yoon, Cyrus Shahabi, 2005. Exploiting Spatial Correlation Towards an Energy Efficient Clustered A Ggregation Technique (CAG) [J]. Proc. of ICC05.

S. Adlakha, M. Srivastava, 2003. Critical density thresholds for coverage in wireless sensor networks, Proc [R]. IEEE Wireless Communications and Networking Conf. (WCNC'03), New Orleans, LA, March: 1615 - 1620, Louisiana.

S. Capkun, M. Hamdi, J. Hubaux, 2001. GPS - free positioning in mobile ad - hoc networks [R]. Proceedings of the 34th Annual Hawaii International Conference on System Sciences, 3481 - 3490.

S. Datta, I. Stojmenovic, J. Wu, 2002. Internal Node and Shortcut Based Routing with Guaranteed Delivery in Wireless Networks [M] //Cluster Computing 5, Kluwer Academic Publishers: 169 - 178.

S. Floyd, V. Jacobson, 1993. Random early detection gateways for congestion avoidance [R]. IEEE/ACM Transactions on Networking, 1 (4): 397 - 413.

S. Ganeriwal, R. Kumar, M. B. Srivastava, 2003. Timing - sync protocol for sensor networks [J]. Proceeding of SenSys'03, November 5 - 7, Los Angeles, USA.

S. Lindsey, C. Raghavendra, 2002. PEGASIS: Power - Eficient Gathering in Sensor Information Systems [R]. IEEE Aerospace Conference Proceedings, Vol. 3, 9 - 16: 1125 - 1130.

S. Madden, J. Hellerstein, W. Hong, 2002. TinyDB: In - network query processing in TinyOS [J]. IRB - TR - 02 - 014, Intel Research, UC Berkeley, Oct.

S. Park et, al, 2002. Design of a wearable sensor badge for smart kindergarten [R]. Proceedings of International Symposium on Wearable Computers, October.

S. Servetto, G. Barrenechea, 2002. Constrained Random Walks on Random Graphs: Routing Algorithms for Large Scale Wireless Sensor Networks [R]. proceedings of the 1st ACM International Workshop on Wireless Sensor Networks and Applications, Atlanta, Georgia, USA.

S. Singh, C. S. Raghavendra, 1993. PAMAS: Power Aware Multi - access Protocol With Signaling for Ad Hoc Networks [J]. Distributed Computing, 6: 211 - 219.

Tenney, R. R. , Sandellj R. , N. R. , 1981. Detection with distributed sensors [J]. IEEE Trans. Aerosp. Electron. Syst. 17, 4 (July), 501 - 510.

Toussaint G. , 1980. The relative neighborhood graph of a finite planar set [J]. Pattern Recognition 12 (4): 261 - 268.

T. Melly, A. Porret, C. C. Enz, E. A. Vittoz, 1999. A 1. 2V, 430 MHz, 4dBm power amplifier and a 250 lW Frontend, using a standard digital CMOS process [R]. IEEE International Symposium on Low Power Electronics and Design Conference, San Diego, August: 233 - 237.

U. S. Department of Defense, 1991. Data fusion lexicon [M]. Data Fusion Subpanel of the Joint Directors of Laboratories. Tecnichal Panel for C3 (F. E. White, Code 4 202, NOSC, San Diego, CA).

Van Renesse, R, 2003. The importance of aggregation. In Future Directions in Distributed Computing: Research and Position Papers, A. Schiper, A. A. Shvartsman, H. Weatherspoon, and B. Y. Zhao, Eds. Lecture Notes in Computer Science, vol. 2584. Springer, Bologna, Italy, 87 - 92. 2003.

V. Bharghavan, A. Demers, S. Shenker, L. Zhang, 1994. Macaw: A media access protocol for wireless lans [R]. Proceedings of the ACM SIGCOMM 1994.

V. Raghunathan, C. Schurgers, S. Park, M. B. Srivastava, 2002. Energy - a-ware wireless microsensor networks [J]. IEEE Signal Processing Magazine 19: 40 - 50.

Wallace, J. , Pesch, D. , Rea, S. , Irvine, J. , 2005. Fuzzy logic optimisati-on of MAC parameters and sleeping duty - cycles in wireless sensor networks [R]. 62nd Vehicular Technology Conference, 2005. VTC2005 - Fall. Vol. 3. IEEE, Dallas, TX, 1824 - 1828.

Wang H Y, Shi G D, 2002, Artificial Neural Networks and Its Applications [M]. China Petrochemical Press, Beijing.

Wei Wang, Vikram Srinivasan, Kee‑Chaing Chua, 2005. Using Mobile Relays to Prolong the Lifetime of Wireless Sensor Networks [R]. Proc. of Mobicom05.

Widrow, B., Hoff, M. E., 1960. Adaptive switching circuits [J]. 1960 IRE Western Electric Show and Convention Record 4, 96‑104.

W. C. Hoffmann, R. E. Lacey, 2007. Multisensor Data Fusion for High Quality Data Analysis and Processing in Measurement and Instrumentation [J]. Journal of Bionics Engineering (1).

W. Heinzelman, J. Kulik, H. Balakrishnan, 1999. Adaptive protocols for information dissemination in wireless sensor networks [R]. Proceedings ACM/IEEE MOBICOM99, August.

W. R. Heinzelman, A. Chandrakasan, H. Balakrishnan, 2000. Energy‑efficient communication protocol for wireless microsensor networks [M] // Ralph H S Jr, Sandra L, Barbara E, eds. Proc. of HICSS2000. HICSS. New York: IEEE Computer Society: 8020‑8029.

W. Su, I. Akyildiz, 2005. Time‑Diffusion Synchronization Protocols for Sensor Networks [R]. IEEE/ACM Transactions on Networking.

W. Ye, J. Heidemann, D. Estrin, 2002. An Energy‑efficient Mac Protocol for Wireless Sensor Networks [R]. Proceedings of IEEE INFOCOM 2002.

Xu Yishen, Gu Jihua, 2011. The Handwritten Character Recognition Based on Improved BP Neural Network [J]. Letter Technology, 5 (44).

X. Y. Li, P. J. Wan, O. Frieder, 2003. Coverage in wireless ad‑hoc sensor networks [J]. IEEE Trans. Comput, 52: 753‑763.

Yan Zhang, Laurence T. Yang, Jiming Chen, 2010, RFID and Sensor Networks [M]. auerbach publication.

Yanjun Sun, Omer Gurewitz, Shu Du, Lei Tang, David B. Johnson, 2004. ADB: An Efficient Multihop Broadcast Protocol based on Asynchronous Duty‑cycling in Wireless Sensor Networks [R]. Proc. Of Sensys'09.

Yik‑Chung Wu, Qasim Chaudhari, Erchin Serpedin, 2011. Clock Synchronization of Wireless Sensor Networks: Message exchange mechanisms and statistical signal processing techniques [J]. IEEE Signal Processing Magazine.

Yu, B., Sycara, K., Giampapa, J. A., Owens, S. R., 2004. Uncertain information fusion for force aggregation and classification in airborne sensor networks [R]. AAAI - 04Workshop on Sensor Networks. AAAI Press, San Jose, CA.

Yuan Xia, 2010. Intelligent Robot Based on Laser Radar Environment to Understand the Key Technology Research [D]. Nanjing University of Science and Technology, Nanjing.

Yuan, Y. Kam, M., 2004. Distributed decision fusion with a random - access channel for sensor network applications [J]. IEEE Trans. Instr. Meas. 53, 4 (August), 1339 - 1344.

Yusuf, M., Haider, T., 2005. Energy - aware fuzzy routing for wireless sensor networks [R]. IEEE International Conference on Emerging Technologies (ICET'05). IEEE, Islamiabad, Pakistan, 63 - 69.

Y. Gu, T. He, 2007. Data Forwarding in Extremely Low Duty - Cycle Sensor Networks with Unreliable Communication Links [R]. Proc. Of SenSys' 07.

Y. H. Nam et al., 1998. Development of remote diagnosis system integrating digital telemetry for medicine [R]. International Conference IEEE - EMBS, Hong Kong: 1 170 - 1 173.

Y. Yao, J. Gehrke, 2002. The cougar approach to in - network query processing in sensor networks [R]. in SIGMOD Record, September.

Y. Yu, D. Estrin, R. Govindan, 2001. Geographical and Energy - Aware Routing: A Recursive Data Dissemination Protocol for Wireless Sensor Networks [R]. UCLA Computer Science Department Technical Report, UCLA - CSD TR - 01 - 0023, May.

Y. Zou, K. Chakrabarty, 2004. Sensor deployment and target localization in distributed sensor networks [R]. IEEE Embedded Comput. Syst. 3 (1): 61 - 91.

Zedch L A, Fuzzy Sets, J., 1965. Information and Control [J]. 3, 8.

Zhang Jian - wu, Ji Ying - ying, Zhang Ji - ji, Yu Cheng - lei, 2008. A Weighted Clustering Algorithm Based Routing Protocol in Wireless Sensor Networks [R]. ISECS International Colloquium on Computing, Communication and Control, May.

Zhao Chenglin, Mao Song, Tan Hu, 2011. An energy balanced clustering protocol for wireless sensor network [J]. Radio Engineering, 41 (3): 1-4.

Zhao Yaguang, 2013. WSN's Data Fusion Research Based on the Ant Colony Algorithm and BP Neural Network Algorithm [D]. Yunnan University, Kunming.

Zhao, J., Govindan, R., Estrin, D., 2002. Residual energy scans for monitoring wireless sensor networks [R]. Proceedings of the IEEE Wireless Communications and Networking Conference (WCNC'02). Vol. 1. IEEE, Orlando, FL, 356-362.

图书在版编目（CIP）数据

无线传感器网络的体系结构：拓扑、路由、数据与时钟管理／田乐著. —北京：中国农业出版社，2022.6
ISBN 978-7-109-28521-7

Ⅰ.①无… Ⅱ.①田… Ⅲ.①无线电通信－传感器－计算机网络－研究 Ⅳ.①TP212

中国版本图书馆 CIP 数据核字（2021）第 135447 号

无线传感器网络的体系结构——拓扑、路由、数据与时钟管理
WUXIAN CHUANGANQI WANGLUO DE TIXI JIEGOU
——TUOPU LUYOU SHUJU YU SHIZHONG GUANLI

中国农业出版社出版

地址：北京市朝阳区麦子店街 18 号楼
邮编：100125
特约审稿：雷 鸣
责任编辑：孙鸣凤
版式设计：杜 然 责任校对：刘丽香
印刷：中农印务有限公司
版次：2022 年 6 月第 1 版
印次：2022 年 6 月北京第 1 次印刷
发行：新华书店北京发行所
开本：880mm×1230mm 1/32
印张：8.75
字数：260 千字
定价：86.00 元